数学教学模式与思维培养

杨鸣岐　朱爱君　王昊焱　著

广东旅游出版社
GUANGDONG TRAVEL & TOURISM PRESS
悦读书·悦旅行·悦享人生
中国·广州

图书在版编目（CIP）数据

数学教学模式与思维培养 / 杨鸣岐，朱爱君，王昊焱著． -- 广州：广东旅游出版社，2024. 11. -- ISBN 978-7-5570-3460-3

Ⅰ．01-4

中国国家版本馆 CIP 数据核字第 202499D529 号

出 版 人：刘志松
责任编辑：魏智宏　黎　娜
封面设计：刘梦杳
责任校对：李瑞苑
责任技编：冼志良

数学教学模式与思维培养
SHUXUE JIAOXUE MOSHI YU SIWEI PEIYANG

广东旅游出版社出版发行
（广东省广州市荔湾区沙面北街 71 号首、二层）

邮编：510130

电话：020-87347732（总编室）　020-87348887（销售热线）

投稿邮箱：2026542779@qq.com

印刷：廊坊市海涛印刷有限公司

地址：廊坊市安次区码头镇金官屯村

开本：710 毫米 × 1000 毫米　16 开

字数：160 千字

印张：9.25

版次：2024 年 11 月第 1 版

印次：2025 年 1 月第 1 次

定价：48.00 元

前　言
PREFACE

　　数学教学模式与思维培养在教育中有着重要地位，其核心在于其不仅传授数学知识，还培养学生的数学思维能力。传统的数学教学模式往往侧重于知识的灌输和对技能的训练，忽略了对学生思维能力的培养。随着教育理念的不断更新，现代数学教学逐渐向注重思维培养的方向发展。数学教学模式需要结合多种方法和策略，以促进学生的全面发展。问题导向教学法是一种有效的数学教学模式，它通过设置具有挑战性的问题，引导学生在解决问题的过程中学习数学知识。学生在解决问题时，需要运用各种数学思维方式，如逻辑推理、抽象概括和归纳演绎，从而有效培养自己的思维能力。

　　通过小组合作，学生可以在交流和讨论中互相启发，共同解决数学问题。这种方式不仅有助于对知识的掌握，还能培养学生的团队合作精神和沟通能力。在合作学习中，教师可以设计一些需要团队合作才能完成的任务，让学生在共同探讨中提高数学思维能力。另一个重要的数学教学模式是探究式学习。这种模式强调学生的主动性和创造性，通过自主探究和实践活动，让学生在亲身体验中理解数学原理和方法。例如，教师可以组织学生进行数学实验或共同完成某个数学项目，让他们通过实际操作和观察，探索数学现象和规律。这种学习方式不仅能够激发学生的学习兴趣，还能培养他们的创新思维和解决问题的能力。

　　本书旨在为教育工作者提供系统理论与实践指导，帮助他们更有效地提升学生的数学思维能力。传统的数学教学模式逐渐暴露出其局限性。现代数学教育不仅仅是知识的传授，更注重学生思维能力的培养和全面素质的提升。本书涵盖了数学教学模式的概述、传统数学教学模式、数学教学方法、数学思维的基本概念、教师在数学思维培养中的角色以及数学游戏化教学的理论与实践等内容。通过系统阐述和丰富的案例分析，力求为教育工作者提供理论与实践相结合的指导。本书不仅适用于中小学数学教师，也适合教育研究者、教育管理者和教育政策制定者参考。希望本书能够为读者提供丰富的理论和实践指导，促进数学教学模式的创新，提升学生的数学思维能力和综合素质。

在写作本书的过程中，作者借鉴了许多前辈的研究成果，在此表示衷心的感谢。由于本书需要探究的层面较深，作者对一些相关问题的研究不透彻，加之写作时间仓促，书中难免存在不妥和疏漏之处，恳请前辈、同行以及广大读者斧正。

目 录

CONTENTS

第一章　数学教学模式概述

第一节　数学教学模式的发展历史

一、古代数学教学模式

(一)早期启蒙教育

数学教学的历史可以追溯到人类文明的早期阶段。当时，人们开始通过简单的计算和几何知识来解决日常生活中的实际问题。古埃及和巴比伦是早期数学教育的重要发源地，它们的发展奠定了数学教育的基础。古埃及的数学教育主要集中在测量技术上，这与尼罗河定期泛滥后的土地重新划分密切相关。为了准确地测量和分配土地，古埃及人发展了相当先进的几何知识。他们能够计算土地面积，甚至建造结构精密的金字塔。这些工程需要复杂的几何和测量技巧，显示出他们在数学方面的高深造诣。古埃及的数学教育不仅限于测量，还包括基本的算术知识，如加减法和简单的乘除法。这些数学知识不仅应用于土地测量，还广泛应用于建筑和天文学。

与古埃及相似，巴比伦的数学也具有高度的实际应用性。巴比伦人使用一种基于60进制的计数系统，这种系统在计算时间和角度时极其便利。巴比伦数学家发展了大量的算术和代数方法，他们的数学知识被记录在泥板上，泥板上的楔形文字记录了丰富的数学问题和解法[①]。巴比伦的数学教育强调实用性，学生们学习的主要是如何解决实际问题，如贸易计算、土地分配和建筑规划等。在古代希腊，数学教育开始向理论化方向发展。希腊数学家们不仅关注实际问题的解决，还致力于探索数学背后的抽象原理和逻辑结构。毕达哥拉斯学派是希腊数学发展的重要推动力量，他们提出了许多重要

---

① 朱雪姣.小学数学高效课堂教学实践分析——以"倍数与因数"一课为例 [J].新课程，2020(2)：51-52.

的数学定理，特别是在数论和几何方面。欧几里得的《几何原本》系统总结了当时的几何知识，成为后世数学教育的重要教材。希腊数学教育的理论化倾向影响深远，为后来的数学发展奠定了坚实的基础。

在中国，早期的数学教育也具有高度的实用性。《九章算术》是中国古代数学的重要文献，它通过大量的实际问题来讲解数学原理，如面积、体积、比例和方程等。这本书不仅是重要的数学教材，也是工程、农业和商业活动中的实用指南。中国古代数学教育注重培养学生解决实际问题的能力，这与古埃及和巴比伦的数学教育有着相似之处。古印度数学家在数论、代数和天文学方面做出了重要贡献。印度数学家阿利亚巴塔和婆罗摩笈多提出了许多重要的数学概念，如对零的使用和十进制系统的推广。这些数学知识不仅在印度得到广泛传播，还通过阿拉伯学者传入欧洲，对世界数学的发展产生了深远影响。

在这些早期文明中，数学教育虽然各有侧重，但都表现出对实用性的高度重视。无论是古埃及的测量技术、巴比伦的算术方法、希腊的几何理论，还是中国和印度的实际应用，早期的数学教育都致力于解决实际问题，同时也为后来的数学理论发展奠定了基础。这些早期的数学教育形式，不仅培养了当时社会所需的技术人才，也为现代数学教育的发展提供了宝贵的经验和启示。通过回顾这些历史，我们可以更好地理解数学教育的发展脉络，继而在现代教育中借鉴和创新。

(二) 希腊数学

希腊数学的发展是数学史上的重要里程碑，它不仅注重逻辑推理和证明，而且为后世的数学教育奠定了系统化的基础。古希腊数学家们致力于探索数学的抽象原理和结构，他们的工作极大地推动了数学的理论化进程。在古希腊，数学被视为一种哲学，强调通过逻辑推理和演绎法来得出结论。这种方法在毕达哥拉斯学派中得到了充分体现。毕达哥拉斯定理，即直角三角形的斜边平方等于两直角边平方和的定理，是他们最著名的贡献之一。

欧几里得是希腊数学的另一个重要代表，他的《几何原本》是数学史上最具影响力的著作之一。《几何原本》不仅系统地总结了当时的几何知识，还通过严格的逻辑推理和证明构建了一个完整的几何体系。这本书从基本的公理和定义出发，运用演绎法一步步推导出复杂的几何定理，奠定了几何学的系统化和理论化基础。《几何原本》不仅在古希腊得到了广泛应用，还成为后世数学教育的重要教材，对中世纪和近代欧洲的数学发展产生了深远影响。亚里士多德也是希腊数学发展的重要人物之一，他在逻辑学方面的研究为数学的逻辑推理奠定了基础。亚里士多德的三段论法成为数学推理的重要工具，为后来的数学证明提供了理论支持。希腊数学家们在逻辑推理和证明方面的工作，不仅使数学成为一门严格的科学，还为其他科学领域提供了强有力的方法论。

阿基米德是古希腊最伟大的数学家之一，他在几何学、代数学和力学方面都有杰出的贡献。阿基米德通过严密的逻辑推理和数学证明，解决了许多复杂的数学问题。他的《论球体与圆柱体》一书，深入研究了球体和圆柱体的体积和表面积问题，进一步丰富了几何学的内容。阿基米德还通过创新的方法计算了 π 的值，这一工作在数学史上具有重要意义。除了几何学，古希腊数学家们在数论和代数学方面也做出了重要贡献。欧多克索斯提出了比例理论，为解决不等式和分数问题提供了理论基础。丢番图则是代数学的先驱，他的《算术》是古代代数学的经典著作，书中包含了大量关于整数解的问题，丢番图的方法为后来的代数研究提供了宝贵的经验。

古希腊数学家的研究不仅限于理论，还广泛应用于天文学和物理学。托勒密的《天文学大成》综合了希腊天文学的知识，提出了地心说模型，并通过精确的数学计算解释了行星的运动。希腊数学家们还通过几何方法研究了光学和力学问题，为这些科学领域的发展提供了理论支持。希腊数学的发展离不开其独特的教育体系。古希腊的教育重视数学，数学被视为培养逻辑思维和推理能力的重要工具。雅典的柏拉图学院和亚里士多德学园是古希腊著名的学术中心，它们培养了许多杰出的数学家和科学家。数学教育在古希腊不仅仅是知识的传授，更是培养学生思维能力和逻辑推理能力的过程。

（三）中国古代数学

中国古代数学在世界数学史上占有重要地位，其中《九章算术》是最具代表性的重要著作之一。这本书以其独特的编写方式和实际应用性，成为古代数学教育和研究的经典之作。《九章算术》的成书时间大约在公元前 2 世纪，它荟萃了中国古代数学的精华。不同于其他数学著作，《九章算术》采用了实际问题来讲解数学原理的方法，内容涵盖了当时社会生活中的各种实际问题，包括田地测量、工程建设、商贸往来等。这种以实际应用为导向的编写方式，不仅使数学知识更加贴近生活，也提高了数学学习的趣味性和实用性。

在《九章算术》中，每一章都围绕特定的主题展开。比如，第一章《方田》主要讨论土地面积的计算问题，涉及矩形、三角形、梯形等几何图形的面积公式；第二章《粟米》则探讨了粮食的度量与交换问题；第三章《衰分》讨论分数的运算和应用。每一章不仅给出了具体问题，还记载了解决这些问题的数学方法和公式，通过具体的例子和详细的步骤，使读者能够直观地理解和掌握数学原理。《九章算术》在解题方法上也具有独特性。它提出了许多具有创新意义的算法，如"开方术"和"盈不足术"等。开方术是计算平方根和立方根的方法，类似于现代的平方根和立方根运算法则；盈不足术是一种解决不定方程的方法，类似于后来的丢番图分析。这些算法不仅在当时具有重要的实用价值，对后世数学的发展也产生了深远影响。

中国古代数学的另一特点是对负数和零的认识。《九章算术》虽然没有明确提到零的概念，但在实际运算中已经隐含了对零的认识。比如，在解方程时，如果某一项为零，就直接省略不计；在处理盈不足问题时，负数的概念也已初见端倪。尽管这些概念在当时还不够完善，但它们为后来的数学发展奠定了基础。此外，《九章算术》还展示了古代中国数学家在解决实际问题方面的创造性和灵活性。例如，在处理测量问题时，书中详细介绍了使用绳索和标尺等工具的具体方法，这些方法不仅简单易行，而且精确可靠。在解决商业和贸易问题时，书中给出了各种商品交换和计量的规则，体现了古代数学家在经济活动中的应用智慧。

《九章算术》对后世的影响是深远的。它不仅成为历代数学家的重要参考书，还对东亚国家的数学发展产生了重要影响。隋唐时期的《算经十书》，明清时期的《数书九章》等著作，都继承和发展了《九章算术》的数学思想和方法。现代数学家也从中汲取了许多有益的启示和经验。

二、中世纪数学教学模式

(一) 伊斯兰黄金时代

伊斯兰黄金时代是一个辉煌的历史时期，在这一时期，阿拉伯数学家不仅致力于翻译和传播希腊数学著作，还在此基础上进行了深入的研究和创新。他们的工作对天文学、贸易以及各种科学领域产生了深远的影响。阿拉伯数学家重视对希腊经典数学著作的翻译工作。其中，尤值一提的是阿尔·花剌子密，他翻译了希腊数学家欧几里得和阿波罗尼奥斯的著作，并在此基础上编写了《代数学》，这本书成为中世纪欧洲数学发展的基础。通过这些翻译工作，希腊数学思想得以在阿拉伯世界广泛传播，并逐渐影响到伊斯兰学者们的研究方向。阿拉伯数学家不仅仅满足于对希腊数学的翻译和学习，还在这些基础上进行了许多创新。许多数学家，如阿尔·卡拉吉和阿尔·比鲁尼，在代数和几何学领域做出了重要贡献。他们发展了二次方程的解法，探索了数论中的许多问题，并在几何学中提出了新的定理和证明。这些创新不仅丰富了数学的理论体系，也为后来的研究提供了坚实的基础。

阿拉伯数学家将数学应用于天文学，并取得了显著成果。天文学家如阿尔·巴塔尼和阿尔·祖克拉继续发展希腊天文学，并通过精确的观测和计算，修正了托勒密的天文学模型。他们的研究成果在天文表和星图的编制中得到广泛应用，极大地提高了天文观测的精度。这些成就不仅在伊斯兰世界内得到高度认可，也对欧洲的文艺复兴和科学革命产生了重要影响。此外，数学在贸易中的应用也是阿拉伯数学家研究的重要方向。在伊斯兰黄金时代，贸易在经济活动中占有重要地位，数学知识的应用显著提升了商业活动的效率。阿拉伯数学家在计算利息、汇率、重量和度量衡等方面进行了大量研究，提出了许多实用的算法和计算工具。这些数学成果不仅促进了伊斯兰世界的贸易发展，也通过丝绸之路等途径传播到了其他地区，影响了全球的商业活动。阿拉伯数学家在教育和传播数学知识方面也发挥了重要作用。他们编写了许多数学教科书和学习指南，建立了教育机构，如巴格达的智慧宫，培养了大量的数学人才。这些教育成果不仅巩固了数学在伊斯兰世界的地位，也为后来的学术交流和知识传播奠定了基础。

(二) 欧洲中世纪

在欧洲中世纪，数学教学主要依附于教会学校，这一时期的教育体系深受宗教的影响。数学作为七艺之一，被视为培养神职人员和文人的基础学科，尽管内容有限，但在宗教和社会生活中仍然发挥着重要作用。数学教育主要集中在教会学校和修道院中。这些宗教机构不仅是宗教活动的中心，也是知识传播的主要场所。教会学校中的数学教学内容主要包括算术和基础几何，这些知识被认为是理解圣经和进行宗教仪式所必需的。数学教育的目的是培养能够理解和解释宗教文本的神职人员，因此，教学内容和方法也深受宗教教义的影响。

算术作为数学教学的重要组成部分，主要用于日常生活中的计算需求。教会学校教授的算术内容包括基本的加减乘除运算，以及简单的分数和比例知识。这些知识不仅在宗教活动中有用，比如计算复活节日期，处理教会财务，还在社会生活中被广泛应用。学生通过学习算术，能够胜任教会和社会中的各种事务，促进了中世纪社会的稳定和发展。几何学作为中世纪数学教学的另一重要内容，主要包括基础几何知识和简单的几何作图。教会学校的几何教学主要依赖于欧几里得的《几何原本》，这本书被视为几何学的权威文本。尽管中世纪几何教学的内容较为基础，但这些知识对于建筑、绘画和宗教仪式的设计具有重要意义。几何学不仅帮助学生理解空间关系和形状，还培养了他们的逻辑思维和抽象能力。

教会学校的教师通常会通过口述的方式传授知识，学生则通过背诵和抄写来掌握数学内容。这种教学方法虽然效率不高，但在当时的教育环境中是最为普遍和有效的。此外，教会学校还会使用一些简单的教具，如算筹和几何图形，帮助学生更直观地理解数学概念。教会学校中的数学教育还受到一些重要人物的推动。比如，意大利数学家斐波那契在 12 世纪末和 13 世纪初撰写的《算经》一书，就对中世纪的数学教育产生了深远影响。这本书引入了印度阿拉伯数字体系和一些先进的数学算法，极大地推动了中世纪欧洲数学的发展。尽管教会学校的数学教学内容较为基础，但斐波那契等学者的努力使得数学知识在中世纪得到了更广泛传播和应用。

尽管中世纪的数学教育主要依赖于教会学校，但世俗学校和大学的兴起也为数学教学带来了新的发展。在12世纪和13世纪，随着大学的建立，数学作为独立学科逐渐在高等教育中占据一席之地。巴黎大学、牛津大学等学府开始设立数学课程，教授更为系统和深入的数学知识。这一变化标志着数学教育从宗教机构向世俗教育机构的逐步转移，为后来的数学发展奠定了基础。由于教育资源和教学方法的限制，中世纪的数学教学内容相对单一，学生接触到的数学知识也较为有限。然而，这一时期的数学教育仍然为后来的科学革命和数学的发展提供了重要的知识储备和思想启迪。通过教会学校和修道院的数学教学，中世纪欧洲保存并传承了古希腊和古罗马的数学遗产，为文艺复兴时期的数学复兴打下了坚实的基础。

三、文艺复兴时期的数学教学模式

(一) 科学革命

随着科学革命的兴起，数学在物理学中的广泛应用推动了数学教学模式的重大改革。科学家们发现，数学不仅是描述自然现象的有效工具，也是理解物理规律的关键。伽利略、牛顿等科学家通过数学公式精确描述运动和引力，为数学在科学研究中的重要性提供了强有力的证明。数学被逐渐视为科学研究的基础，这一观点在科学界得到了广泛认可。数学在解释和预测自然现象中的成功应用，使得它在科学研究中的地位显著提升。物理学、天文学和工程学等学科越来越依赖数学模型和方法，这种趋势也反映在数学教学中。教师们开始重视数学基础知识的教授，强调数学思维和逻辑推理的重要性。

随着微积分、解析几何等新数学分支的出现，教学内容不再局限于传统的算术和几何。学生们开始接触到更多的数学概念和方法，如微分、积分和概率论等。这些新内容不仅扩展了学生的知识面，也提高了他们解决复杂问题的能力。此外，数学教学方法也经历了翻天覆地的变革。教师们开始采用更系统化和结构化的教学方法，通过理论与实践相结合的方式，使学生更好地理解和应用数学知识。实验室和实地教学成为常见的教学形式，学生通过动手实验和实践操作，加深了对数学原理的理解。

(三) 印刷术的推广

印刷术的发展对数学书籍的广泛传播起到了至关重要的作用。古腾堡印刷术的发明,使得书籍的制作成本大幅下降,数学书籍得以大量印刷并广泛传播。以前需要手工抄写的数学著作,现在可以通过印刷术迅速复制,这极大地提高了知识的传播速度和范围。此外,印刷术的推广使学生能够接触到更多的数学知识。随着大量数学书籍的出版,学生们不再局限于少量的手抄本教材,他们可以通过书店和图书馆获取更多的学习资源。各种数学经典著作,如欧几里得的《几何原本》和阿尔·花剌子密的《代数学》被大量印刷和传播,极大地丰富了学生的学习内容。

印刷术的发展也促进了数学教学的标准化和系统化。印刷书籍的统一版本使得教师和学生可以使用相同的教材,从而保证了教学内容的一致性。这种标准化的教学资源有助于提高数学教育的质量,使更多的学生能够系统地学习和掌握数学知识。印刷术不仅使得数学知识得以传播,还促进了数学研究的交流和进步。数学家们通过印刷出版自己的研究成果,能够更方便地与其他学者分享和讨论。这样的学术交流激发了更多的研究灵感,推动了数学理论的发展和创新。印刷术的推广也使数学教育更加普及。以前只有少数富裕家庭的子女能够接受系统的数学教育,而印刷书籍的普及使得普通家庭的孩子也有机会学习数学。学校和教育机构可以通过购买大量印刷书籍,开设更多的数学课程,惠及更多的学生。

四、启蒙时期的数学教学模式

(一) 实用性增强

启蒙时期,数学教学的实用性得到了显著增强,这一时期的教育更注重数学在实际生活中的应用。工程、航海和商业等领域对数学的需求大大增加,促使学校课程中开始加入更多实用性的数学内容。代数和解析几何成为课程中的重要组成部分,为学生提供了解决实际问题的工具和方法。建筑、机械和土木工程等领域需要精确的计算和数学模型,因此,数学在工程教育中占据了重要地位。学生通过学习代数和解析几何,能够掌握设计和分析工程结构的基本方法。这不仅提高了他们的专业技能，也为社会培养了大量合格的工程技术人员。

航海过程中需要进行精确的定位和导航，而这些都依赖于数学知识的应用。为此，学校课程中加入了更多关于三角学和天文学的内容，以帮助学生掌握航海所需的数学技能。代数和解析几何的引入，使得学生能够更好地理解和应用导航计算，为航海事业的发展提供了重要支持。商业活动的复杂化进一步凸显了数学教学的实用性。在启蒙时期，商业活动日益繁荣，交易和财务管理变得越来越复杂。为了应对这些挑战，数学课程中开始出现了有关货币计算、利息计算和统计分析等内容。代数在商业计算中的应用，使得商人和财务人员能够更加高效地处理日常事务，提高了商业运作的效率。

随着科学和技术的发展，教育理念逐渐转向实用性和实践性。学校开始注重培养学生的实际操作能力，而不仅仅是理论知识的积累。代数和解析几何作为新兴的数学分支，被广泛纳入课程体系，帮助学生掌握解决实际问题的方法和技巧。教师们开始编写更加实用和易懂的数学教材，强调数学知识在实际生活中的应用。课堂教学中，教师通过实例和实际问题的讲解，使学生能够更好地理解数学概念并加以应用。这种教学方法不仅激发了学生的学习兴趣，也提高了他们的实际操作能力。

(二) 系统化教育

在教育历史的演变过程中，数学逐渐成为一门独立学科，其课程体系变得更加系统化，教学方法也愈加多样化。这一变化不仅提升了数学教育的质量，也使学生能够更全面地理解和应用数学知识。随着科学和工业革命的推进，数学的重要性日益凸显，逐步从其他学科中独立出来。这种独立性使得数学教育能够有针对性地发展出一套完整的课程体系。学校开始设立专门的数学课程，从基础的算术、代数到更高级的几何、微积分等内容，形成了一个结构清晰、层次分明的教学框架。早期的数学教育可能仅涉及简单的算术和几何，而系统化后的课程涵盖了代数、几何、三角、微积分、统计等多个领域。学生在学习过程中，不再是零散地获取知识，而是按照逻辑顺序，逐步深入地掌握数学原理和应用技巧。这种系统化的教学不仅增强了学生的知识储备，也提高了他们解决实际问题的能力。

传统的数学教学方法主要依赖于课堂讲授和课本学习，随着教育理念的更新，更多的教学方法被引入。实验教学、问题导向学习、小组讨论等方法，使学生在实践中理解和应用数学知识。这样的教学模式不仅激发了学生的学习兴趣，还培养了他们的创新思维和合作能力。各类数学教材、教辅材料和教学工具应运而生，教师可以根据不同的教学需求选择适合的资源。信息技术的应用更是为数学教学带来了革命性的变化，多媒体课件、在线教育平台和数学软件的使用，使教学变得更加生动和高效。学生通过这些资源，不仅可以巩固课堂所学，还能开阔视野，探索更广泛的数学知识。教师在数学教学中的角色也随之转变。教师不再仅仅是知识的传授者，而是学习的引导者和辅导者。通过启发式教学、探究式学习，教师引导学生自主发现问题、解决问题，培养他们的独立思考能力和逻辑推理能力。这种教学方式不仅提升了教学效果，也使学生更加主动地参与到学习过程中。

五、19世纪的数学教学模式

(一) 普及教育

19世纪，普及教育的发展使数学成为中小学教育的核心科目。这个时期，教育系统经历了重大变革，数学被广泛纳入课程体系，成为所有学生必须掌握的重要知识。教育的普及化推动了数学教材的标准化，使得数学教育更加规范和统一。普及教育的推进使得数学教育得以覆盖更广泛的人群。各国纷纷制定教育法案，确保所有儿童都能接受基础教育。数学作为基本的科学素养，被列为中小学的核心课程。无论是城市还是农村的学校，都开设了数学课，确保每个学生都能接触到代数、几何和初等算术等基础内容。为了确保教学的一致性和质量，各国教育部门和专家团队开始编写统一的数学教材。这些教材内容逐步规范化，从简单的算术运算到复杂的代数方程，再到几何图形的理解和应用，覆盖了学生在不同阶段需要掌握的知识。这种标准化的教材不仅提高了教学效率，也使得教育评估更加客观和公正。

在初等教育阶段，学生学习基础的算术运算，如加减乘除，培养他们的数感和计算能力。随着年龄的增长，代数和几何逐渐进入课程体系。代数帮助学生理解抽象的数学概念，如变量和方程；几何则培养他们的空间思维和逻辑推理能力。这些内容的引入，使学生的数学知识体系更加完整，为他们的进一步学习奠定了坚实基础。此外，19世纪的数学教育改革也带来了教学方法的创新。教师们开始采用更灵活和多样化的教学方法，以适应不同学生的学习需求。课堂上，教师不仅传授知识，还注重培养学生的思维能力和解决问题的技巧。通过动手实践、课外作业和数学游戏等方式，学生在轻松愉快的氛围中学习数学，增强了他们对数学的兴趣和理解。同时，教育普及化也促进了教师专业化的发展。为了提高数学教学质量，各国开始重视教师的培养和培训。师范学校和教育学院纷纷设立数学教育专业，培养专门的数学教师。教师通过系统学习和培训，不仅掌握了扎实的数学知识，还学会了科学的教学方法和教育理论，能够更好地指导学生学习。

(二) 高等数学教育

高等数学教育在近代受到极大重视，微积分和高等代数逐渐成为大学课程的重要组成部分。这个变化不仅反映了数学在科学研究中的重要性，也体现了教育体系对培养高素质人才的重视。牛顿和莱布尼茨创立的微积分，在解释自然现象和解决实际问题方面展现出巨大的潜力，迅速成为科学研究的核心工具。为了使学生掌握这一强大的数学工具，大学课程中开始广泛开设微积分课程。通过系统学习，学生不仅掌握了微积分的基本概念和计算方法，还学会了如何应用这些知识解决复杂的科学和工程问题。高等代数作为大学数学教育的重要内容，也得到了广泛重视。高等代数不仅包括线性代数、群论和环论等抽象数学分支，还涵盖了许多实际应用，如密码学和编码理论。大学课程中引入高等代数，使学生能够深入理解数学结构和规律，培养他们的抽象思维和逻辑推理能力。这种深入的数学训练，对于学生未来从事科学研究和技术开发具有重要意义。

大学数学教育的重视也反映在课程设置和教学方法的不断改进上。为了更好地教授微积分和高等代数，许多大学开始更新教学大纲，编写新的教材和教学参考书。教师们采用了更为灵活和多样化的教学方法，如问题导向学习、实验教学和计算机辅助教学等，使学生能够在理论学习的同时，进行实践操作和应用。这种综合性的教学方法，有助于学生更好地理解和掌握复杂的数学知识。大学不仅是教学的场所，也是科学研究的前沿阵地。通过开设高等数学课程，大学为数学研究培养了大批优秀人才。这些学生在接受系统的数学训练后，能够积极投身于数学研究，推动数学理论和应用的发展。同时，大学数学教育还为其他学科提供了重要支持，许多物理学、工程学和计算机科学的重大突破，都离不开数学的贡献。大学数学教育的提升还体现在国际交流与合作的加强上。各国大学通过举办国际学术会议、开展合作研究和交流访问等方式，促进了数学教育和研究的全球化。这种国际化的学术环境，为学生提供了更广阔的视野和更多的学习机会，进一步推动了数学教育的发展。

六、20 世纪的数学教学模式

(一) 现代化改革

20 世纪初，数学本身的发展突飞猛进，推动了数学教学的多次改革。新数学运动作为这一时期的重要教育改革运动，强调结构主义和集合论，旨在使数学教育更加系统化和逻辑化。20 世纪初的数学教学改革与数学领域的重大突破密切相关。数学家们在集合论、拓扑学、抽象代数等领域取得了显著成就，这些新理论和方法对传统数学教学提出了挑战。为了使学生更好地理解现代数学的思想，教育者们开始倡导将这些新理论引入教学内容，使数学教育更加前沿和科学。新数学运动在全球范围内掀起了一场教育改革浪潮。该运动强调结构主义，注重数学知识的内在联系和逻辑结构。教师们通过教授集合论和其他现代数学理论，帮助学生理解数学的整体结构和基本原理。这种教学方法不仅提升了学生的抽象思维能力，还培养了他们的逻辑推理和问题解决能力。

集合论作为新数学运动的重要内容，被广泛引入数学课程。它不仅是现代数学的基础工具，也是一种重要的思维方式。通过学习集合论，学生能够更好地理解数学概念之间的关系，掌握数学的统一结构。这种理论的引入，使得数学教育从具体的计算训练，逐步转向对抽象概念和逻辑结构的深刻理解。此外，数学教学的现代化改革还体现在教材和教学方法的创新上。新数学运动推动了教材编写的革新，传统的数学教材被具有现代结构和内容的新教材所取代。这些新教材不仅包含了集合论和结构主义的内容，还引入了大量的实际应用案例，帮助学生将理论知识与现实生活相结合。同时，教学方法也更加多样化，教师们采用实验教学、项目学习和计算机辅助教学等手段，使数学教学更加生动和高效。同时，数学教学的改革也面临着一些挑战和争议。一些教育工作者和家长对新数学运动表示质疑，认为其过于强调抽象理论，忽视了基本计算能力的培养。尽管如此，新数学运动对数学教育的影响是深远的，它推动了数学教学理念的转变，促进了数学教育与现代数学研究的接轨。

(二) 多媒体和技术

随着计算机和多媒体技术的发展，数学教学手段变得更加多样化，课堂教学开始广泛引入计算机辅助教学和多媒体课件。这一变革不仅改变了传统的教学模式，也大大提高了教学效果和学生的学习体验。传统的教学方式主要依赖于黑板和课本，而计算机辅助教学能够通过动画、模拟和图形化展示数学概念，使抽象的数学理论变得直观和生动。教师可以利用计算机软件演示复杂的数学过程，如函数的变化、几何图形的变换和概率实验等，帮助学生更好地理解和掌握数学知识。多媒体课件集成了文本、图像、音频和视频等多种媒体形式，使教学内容更加丰富多彩。教师可以通过多媒体课件展示各种数学问题的解决过程、历史背景和实际应用，激发学生的学习兴趣和探究欲望。学生在多媒体课件的引导下，可以进行自主学习和探讨，培养自己独立思考和解决问题的能力。

计算机辅助教学和多媒体课件的结合，使得个性化教学成为可能。每个学生的学习进度和理解能力不同，传统的教学方式难以兼顾所有学生的需求。计算机辅助教学则可以根据学生的学习情况，提供个性化的练习和反馈，帮助学生在自己的节奏下进行学习。这种个性化的教学模式，不仅提高了学生的学习效果，也增强了他们的学习自信心。此外，互联网技术的普及进一步拓展了数学教学的空间和时间。教师和学生可以通过网络平台，随时随地进行教学互动和资源共享。在线课堂、虚拟实验室和数学论坛等网络资源，为学生提供了丰富的学习支持和交流平台。教师可以通过网络与学生实时沟通，解答疑难问题，开展讨论和辅导，进一步提升了教学质量和效率。与此同时，数学教育软件和应用程序的开发，也为教学提供了强大的工具支持。这些软件和应用程序功能多样，如图形计算器、数学建模软件、在线测验工具等，能够满足不同教学环节的需求。通过这些工具，教师可以设计更多元化的教学活动，学生也可以在互动中提升自己的数学能力。

七、21世纪的数学教学模式

(一) 信息技术的应用

信息技术的广泛应用，使数学教学进入数字化和网络化时代。现代科技的发展，特别是互联网和计算机技术的普及，极大地改变了传统数学教学的模式。在线课程、虚拟实验室和互动教学平台的普及，成为这一变革的重要标志。在线课程为数学教学带来了前所未有的便利和灵活性。通过互联网，学生可以随时随地访问各种优质数学课程资源，不再受时间和地点的限制。著名大学和教育平台纷纷推出在线数学课程，从基础算术到高等数学，各种水平的课程应有尽有。这不仅拓宽了学生的学习渠道，也使得教育资源的分配更加公平和合理。虚拟实验室的引入极大地丰富了数学教学的内容和形式。传统课堂教学中，很多复杂的数学概念和理论难以通过简单的板书和讲解来呈现。虚拟实验室通过模拟真实的数学实验环境，帮助学生直观地理解抽象的数学原理。学生可以通过虚拟实验，进行数据分析、模型构建和结果验证，进一步加深对数学知识的理解和应用。

传统的数学教学中，师生互动主要限于课堂内，交流的时间和空间都比较有限，而通过互动教学平台，教师可以随时与学生进行交流和辅导，学生也可以在平台上提出问题、讨论和分享学习心得。这种实时互动不仅提高了教学效率，也增强了学生的参与感和积极性。通过大数据分析，教师可以了解学生的学习进度和薄弱环节，针对性地调整教学内容和方法。智能教学系统能够根据学生的个体差异，提供个性化的学习方案和练习，帮助学生更有效地掌握数学知识。这样的精准教学方法，大大提高了教学效果和学生的学习成绩。同时，信息技术的应用也为数学教育的研究提供了新的工具和方法。教育工作者可以通过数据收集和分析，研究不同教学方法产生的效果和学生的学习行为，改进教学策略。在线教育平台和虚拟实验室的数据积累，为教育研究提供了丰富的资料和样本，有助于推动数学教育理论和实践的发展。

(二) 个性化学习

在当今教育领域，个性化学习是一种日益受到重视的教育理念。传统的一刀切教学模式已经不能完全满足学生多样化的学习需求。个性化教学强调根据每位学生的学习特点和能力水平制订有针对性的教学计划，通过多样化的教学方法和资源，激发学生的学习兴趣和潜能。数学作为一门逻辑性强、抽象性高的学科，学生的学习进程和理解能力存在较大差异。采用翻转课堂等创新教学模式，可以使学生在课堂上更多地进行问题解决和实际运用，而非单纯的教师对知识的传授。这种方式不仅能够增强学生的自主学习能力，还能有效提升他们的学习效果和数学素养。个性化和差异化教学的核心在于关注每个学生的发展需求。通过精准诊断和教学设计，教师可以实现对学生的精准辅导和个性化支持，使每位学生都能在适合自己学习节奏和方式的环境中取得进步。这种教学模式不仅有助于学生在学术上的成就，还能促进他们的全面发展和自我实现。

第二节　现代数学教学模式的特征

一、创新性特征

(一) 教学方法创新

教学方法的创新已经成为提升学生学习效果和培养综合能力的关键策略。传统的课堂教学模式逐渐被互动式教学和问题解决式学习所取代，这些新方法不仅令学习过程更为生动活泼，还能有效激发学生的学习兴趣和思维深度。互动式教学作为一种现代教学方法，强调师生之间的互动与交流。在传统课堂中，学生往往是被动接受知识的对象，而互动式教学则打破了这种传统模式。通过课堂讨论、小组活动和实时反馈，学生能够更积极地参与到教学过程中，不仅能够更深入地理解知识，还能够培养他们的批判性思维和表达能力。例如，在数学教学中，教师可以组织学生进行小组讨论，让学生们共同探讨和解决数学问题，这种互动不仅促进了学生之间的合作与交流，还能够激发学生对数学问题探索的兴趣和动力。

问题解决式学习则注重培养学生的问题解决能力和创新思维。与传统的纯理论教学不同，问题解决式学习强调学生通过面对实际问题、分析和解决问题的过程中，积累知识和经验。教师可以设计具有挑战性的数学问题或案例分析，引导学生运用所学的数学知识和技能去解决现实生活中的问题。通过这种方式，学生不仅能够掌握数学的基础理论，还能够培养独立思考和解决复杂问题的能力，这对他们未来的学习和职业发展具有重要意义[①]。互动式教学和问题解决式学习的结合，不仅使得教学过程更加丰富多彩，还能够有效提升学生的学习效果和学习动机。这种教学方法的创新不仅仅是教育技术的应用，更是教育理念的更新和进步。通过不断探索和实践，教师能够发现更多适合学生需求的教学方法，为他们提供更为开放和多样化的学习空间和机会，从而真正实现教育的目的，培养具有创新精神和实践能力的未来人才。

(二) 课程内容创新

在当今教育改革中，课程内容的创新已成为提升学习效果和激发学生兴趣的重要途径。传统的课程设置往往依据学科的划分和教材的结构，而现代教育则越来越倾向于结合实际案例和跨学科知识，以提升学习的实用性和趣味性。实际案例的引入，是课程内容创新的一个重要方面。通过真实的案例分析，学生不仅能够理解学科知识的具体应用，还能够将理论与实践有机结合。例如，在数学课堂上，教师可以引入实际生活中的数学问题，如金融投资、市场调研数据分析等，让学生通过分析和解决这些实际问题，深入理解数学知识的实际运用价值。这种案例教学不仅激发了学生的学习兴趣，还培养了他们解决实际问题的能力和应变能力，为他们未来的职业生涯打下坚实的基础。

传统学科教育往往局限于特定学科的知识体系，而现代教育倡导将不同学科的知识进行有机整合，以开阔学生的视野和思维。例如，可以结合计算机科学、经济学等跨学科知识，引导学生探索数学在不同领域的应用和重要性。这种跨学科的课程设计不仅有助于学生建立更为全面的知识体系，还

① 姚翠. 巧用教材，培养学生的自主学习力 [J]. 四川教育，2023(24): 26-28.

能够培养他们的综合思维能力和跨学科解决问题的能力，使其在未来面对复杂多变的社会环境时能够从容应对。课程内容创新的实施，不仅要求教师拥有丰富的学科知识和教学经验，更需要他们具备创新意识和跨学科整合能力。通过灵活运用实际案例和跨学科知识，教师能够设计出更富有挑战性和启发性的课程内容，从而有效提升学生的学习动机和学习效果。这种创新的课程设计不仅能够促进教育教学模式的转变，还能够为学生的综合发展和未来的职业发展奠定坚实的基础，为他们的人生道路注入更多的可能性和机遇。

二、灵活性特征

(一) 学习节奏灵活

传统的教学模式往往按照固定的进度和内容进行教学，而现代教育则更加注重根据学生的掌握情况调整教学进度和深度，以更好地满足个体学习需求和提升学习效果。学习节奏的灵活性，意味着教师在教学过程中能够根据学生的学习情况和理解能力进行灵活调整。这种教学方法不仅关注学生的学习速度，还关注他们对知识的深度理解和应用能力。例如，教师可以根据学生对基础知识的掌握情况，调整教学内容的深度和难度，确保每位学生都能够在适合自己的学习节奏下有效学习和掌握知识。

通过灵活调整学习节奏，教师能够更好地解决学生学习中的困难和问题。有些学生可能在某些知识点上进步较快，而在其他知识点上可能需要更多时间和帮助。因此，教师可以通过个性化的教学计划和辅导措施，帮助学生克服学习障碍，提升他们的学习自信心和学习成就感。灵活的学习节奏还能够有效激发学生的学习动机和学习兴趣。当学生感受到教学内容与自身学习能力相匹配时，他们会更加积极主动地参与到课堂讨论和学习活动中。例如，在语言课堂上，教师可以根据学生的语言能力水平，灵活调整听力、口语、阅读和写作的学习内容和难度，使每位学生都能在适宜的学习节奏下不断提升语言能力。

此外，灵活的学习节奏还能够促进教师与学生之间更加紧密互动和沟通。教师通过及时反馈和评估，了解学生的学习进展和需求，从而更有针对性地调整教学策略和内容安排。这种教学模式不仅有助于提高教学效率，还能够培养学生的自主学习能力和解决问题的能力，为他们未来的学习和职业发展打下坚实的基础。

(二) 资源利用灵活

在当今信息化和数字化发展的背景下，教育资源的灵活利用已成为现代教育的重要方向。传统的教学方式受到时间和空间的限制，而现代教育通过运用多媒体、在线资源等丰富的教学手段，有效满足了不同学习风格和需求的学生，提升了教学效果和学习体验。多媒体技术能够通过图像、声音、视频等多种形式，生动展示教学内容，增强学生的视觉和听觉体验。

随着互联网的普及和信息技术的发展，教师可以利用在线课程平台、教育应用程序等资源，为学生提供个性化和自主学习的机会。例如，语言学习中的在线语言学习平台可以根据学生的学习进度和兴趣，提供定制化的学习内容和实时的学习反馈，帮助学生提高语言能力和跨文化交流能力。教育资源的灵活利用不仅拓展了教学的形式和手段，还提升了教学效果和教学效率。通过多媒体技术和在线资源，教师能够更直观、生动地呈现抽象和复杂的知识内容，帮助学生深入理解和掌握学习内容。

教育资源的灵活利用还能够促进教师与学生之间更密切的互动和合作。通过在线学习平台和社交媒体工具，教师和学生可以随时随地进行交流和讨论，共享学习资源和经验，扩展学生的学习社区和学术网络。这种互动不仅促进了知识的共享和合作学习，还培养了学生的团队合作和沟通能力，为其未来的学术和职业发展奠定了坚实基础。

三、个性化特征

(一) 差异化教学

差异化教学作为现代教育的重要策略，强调根据学生的个体差异和学习需求，量身定制教学方案，为其提供个性化的学习支持。每位学生在学习能力、兴趣爱好、学习风格等方面都有所不同，因此，教师需要采用灵活多样的教学方法和策略，以确保每位学生都能在适合自己的学习环境中充分发现和发展潜能。个性化学习支持的实施，需要教师深入了解学生的学习特点和需求。例如，通过分析学生的学习风格和学习习惯，教师可以确定最有效的教学方法和学习资源，帮助学生更高效地掌握知识和技能。在语言学习中，一些学生可能更喜欢通过视觉方式学习，而另一些学生则更喜欢通过听觉方式学习。因此，教师可以根据学生的个体差异，选择合适的教学材料和教学活动，提升他们的学习兴趣和学习成效。

差异化教学还强调为学生提供多样化的学习机会和挑战。通过个性化的学习任务和项目设计，教师可以根据学生的能力水平和兴趣爱好，调整学习内容和难度，激发他们的学习动机和探索精神。例如，教师可以为学生设计不同难度的数学问题，让他们根据自己的能力选择合适的挑战，从而促进他们的数学思维和解决问题的能力。个性化学习支持还包括为学生提供定制化的学习反馈和评估。通过及时反馈和评估，教师可以帮助学生发现和纠正学习中的错误和不足，指导他们制订有效的学习计划和学习策略。例如，在写作课堂上，教师可以针对每位学生的作文提供个性化的评价和建议，帮助他们改进写作技巧和表达能力，提升作品质量和学术水平。

(二) 评估个性化

在当今教育中，评估个性化已成为提升学生学习效果和发展多样能力的重要手段。传统的单一评估模式已逐渐被多元化评估方式所取代，这些方式包括项目作业和开放性题目等，通过采用不同的评估方法，学生能够在多维度上得到全面的发展和认知提升。项目作业作为多元化评估的一种重要形式，能够激发学生的创造力和实践能力。

开放性题目评估方法能够更好地反映学生的思维方式和创新潜力。学生不仅需要掌握基础知识，还需要在解决开放性问题时展示出独立思考和批判性思维能力。例如，在文学课堂上，开放性题目可以要求学生对一部文学作品的多个解读角度进行分析，从而培养他们的批判性思维和表达能力。除此之外，多元化评估方式还能够更全面地评估学生的综合能力和自主学习能力。通过结合不同形式的评估，如口头报告、小组讨论等，学生能够在实践中提升沟通能力和团队协作能力。

四、综合性特征

(一) 跨学科整合

跨学科整合已经成为促进学科交叉融合和学生综合能力发展的重要策略。特别是在数学与其他学科如科技、艺术等的融合中，不仅可以开阔学生的知识视野，还能够激发他们的创新潜力和解决问题的能力。数学与科技的跨学科整合为学生提供了更广阔的应用空间。在现代科技如人工智能、大数据等领域中，数学的应用无处不在。

数学与艺术的融合不仅促进了学科之间的交流，还培养了学生的创意思维和审美能力。数学在艺术中的应用可以体现出数学的美学和逻辑思维，例如在建筑设计中，数学的几何原理和比例理论被广泛应用于建筑结构的设计和空间布局，使艺术作品既美观又稳定。此外，数学与其他学科的跨学科整合还有助于培养学生的跨界思维和问题解决能力。

(二) 实践应用整合

在当今社会，数学不仅仅是一门学科，更是连接现实生活和职业领域的重要桥梁。强化数学知识在实际应用中的能力，对于学生的个人发展和职业成功至关重要。从简单的购物计算到复杂的财务规划，数学无处不在。例如，通过理解和应用数学原理，个人可以合理规划家庭预算、计算税务和利息，从而有效管理个人财务。这种数学应用不仅简化了日常生活中的决策过程，还提高了人们的生活质量和经济效益。

无论是工程师、科学家、金融分析师还是软件开发人员，都需要具备扎实的数学基础和应用能力。例如，在工程领域，数学模型和计算方法被广泛应用于设计新产品、优化工艺流程和解决实际工程问题。在金融领域，数学在风险评估、投资组合优化和金融衍生品定价中发挥着关键作用，直接影响着市场的稳定和经济的发展。此外，数学的实际应用还促进了科学研究和技术创新的进步。数学模型和算法不仅在自然科学如物理学和生物学中发挥重要作用，还在人工智能、大数据分析和区块链技术等新兴领域展现出无可替代的价值。通过数学工具的应用，科学家们能够模拟复杂系统、预测未来趋势，并找到解决现实挑战的创新方法。

第三节　数学教学模式的理论基础

一、建构主义学习理论

在现代教育理论中，建构主义学习理论被广泛认可为一种重要的学习观念，尤其在数学教学领域中，其应用显得尤为重要和实质性。建构主义认为学习是一个主动的过程，学生通过与现实世界的互动来建构知识。这意味着教师不仅仅是传授知识的角色，更是引导学生积极探索、实验和讨论数学概念及其解决问题的方法的引导者。建构主义强调了学生在学习过程中的积极参与和个体意义的建构。教师在设计数学教学模式时，应当为学生提供丰富的问题情境，这些情境能够激发学生的好奇心和探索欲望。通过教师构建真实世界中的问题或情境，学生能够在实践中运用数学知识，从而深化对数学概念的理解[①]。例如，在几何学中，教师可以引导学生通过测量和构造来理解三角形的性质，而不仅仅是简单地传授定义和公式。

每个学生都有其独特的学习风格和学习节奏。因此，数学教学模式应当支持学生根据自身的学习差异和兴趣选择合适的学习策略和方法。例如，对于喜欢图形化表达和实验探索的学生，教师可以提供更多的几何建模和动手实验的机会；而对于偏向逻辑推理和符号运算的学生，则可以通过问题解析和数学推导来满足其学习需求。建构主义还强调了学生在学习过程中的社会互动和合作意义。通过小组讨论、合作项目和对等互动，学生可以分享他们的理解、解决问题的策略和思维过程，从而促进他们在数学领域的共同进步。例如，在数学建模项目中，学生可以分工合作，共同解决复杂的实际问题，这不仅加深了他们对数学应用的理解，还培养了团队合作和沟通能力。

二、认知发展理论

认知发展理论在教育领域中扮演着至关重要的角色，特别是在数学教

[①] 朱柳欣. 核心素养指引下小学数学课堂教学实践分析 [J]. 求知导刊，2021（1）：22-24.

学模式的设计和实施中,其理念和方法能够有效地促进学生的学习和认知能力的发展。认知发展理论强调了学生的认知成熟水平对学习的影响,这意味着教师在设计数学教学模式时应当根据学生的发展阶段和认知能力量身定制适合的教学策略和方法。分层教学是一种基于认知发展理论的有效策略。通过分析学生的认知水平和学习需求,教师可以将学生分成不同的学习小组或提供个性化的辅导,以确保每个学生都能在适合自己水平的学习环境中学习和成长。例如,在数学班级中,教师可以根据学生对基本概念的理解程度将学生分组,并为每个小组设计不同难度的问题,以挑战并引导学生在自己的认知能力范围内解决问题。

认知发展理论还鼓励教师设计具有挑战性和引导性的学习活动,这些活动能够促进学生在认知结构上的积极发展。例如,教师可以设计开放性的问题解决任务,要求学生运用数学知识进行推理和分析,从而培养其解决问题的能力和创造性思维。这种类型的活动不仅能够加深学生对数学概念的理解,还能够激发其思维的灵活性和创新性,为其未来的学习和职业生涯打下坚实的基础。在认知发展理论的指导下,教师还可以通过提供具体而有挑战性的数学问题来促进学生的推理能力。例如,通过数学证明或复杂问题的分析,学生不仅仅学习如何应用数学技巧解决问题,还能够理解数学背后的逻辑和推理过程。这种学习方式不仅加强了学生对数学的理解,还培养了他们在解决复杂问题时所需的逻辑思维和系统思考能力。

三、社会文化理论

社会文化理论认为学习不仅是个体内部的认知过程,更是社会活动的结果,强调学习者与其所处的社会和文化环境密切相关。这一理论为教师设计和实施教学模式提供了重要的指导和启示。教师在数学教学中可以通过小组合作的方式来落实社会文化理论的核心观念。学生可以共同探讨和解决数学问题,分享彼此的思维过程和解题策略。例如,教师可以组织学生在小组内协作完成复杂的数学建模项目,这不仅促进了学生在数学技能上的发展,还培养了他们在团队中合作和沟通的能力,这些能力在社会生活和职业生涯中同样至关重要。

除了小组合作,教师还可以通过讨论和解释来促进学生在社会交往中构建数学意义。通过课堂上的互动讨论，学生可以分享他们的数学见解和理解，这有助于他们在语言表达和逻辑推理方面的发展。例如，教师可以引导学生参与数学问题的辩论，从而激发他们的批判性思维和逻辑推理能力，这些都是社会文化理论倡导的学习方式。在教学内容和方法的设计上，教师应充分考虑学生的文化背景对数学学习的影响。每个学生都带有其独特的文化背景和生活经历，这些因素会影响他们对数学概念和问题的理解和接受程度。因此，教师可以设计能够反映多元文化视角的教学内容和实例，以便更好地吸引学生的注意力并增强他们的学习动机。例如，教师可以引入不同文化背景下的数学成就和贡献，帮助学生理解数学在全球范围内的普遍应用和重要性。

社会文化理论提醒教师在教学过程中要重视跨文化理解和学术成就的促进。通过积极的社会交往和文化交流，教师可以帮助学生打破文化隔阂，增进相互理解，培养他们在多样化社会中生活和工作的能力。因此，社会文化理论为教师提供了一个宝贵的框架，帮助他们创建具有包容性和多样性的数学学习环境，从而促进学生全面发展和学术成功。

四、技术整合教学理论

技术整合教学理论在当今教育实践中扮演着越来越重要的角色，特别是在数学教学领域中，其应用不仅能够增强学生的学习体验，还能提升教学效果。这一理论认为，技术可以成为教学过程中的强大助力，帮助教师更好地实现教学目标和支持学生的个性化学习需求。技术在数学教学中的应用可以通过引入数学建模软件、虚拟实验平台和在线资源，显著增强学生对数学概念和应用的理解和掌握。例如，教师可以利用数学建模软件来模拟复杂的数学问题，让学生通过实际操作和可视化的方式理解抽象的数学概念，如微积分中的曲线积分或几何学中的体积计算。这种互动式学习不仅提升了学生的学习兴趣，还能够激发他们的探索精神和解决问题的能力。

通过自适应学习系统和个性化反馈，教师可以根据每位学生的学习进度和理解能力，提供量身定制的学习资源和活动。例如，通过学习管理系统（LMS），教师可以跟踪观察学生的学习表现，及时调整教学策略和提供额外的学习支持，以帮助学生克服困难并加深对数学概念的理解。通过在线资源和远程协作工具，学生可以在不同地点和时间参与数学学习，与全球范围内的同龄人交流和分享学习经验。例如，使用视频会议工具进行远程数学小组讨论，学生可以通过互动和合作解决复杂的数学问题，这种实时的学习体验不仅扩展了学生的学习空间，还培养了他们的远程合作能力和全球意识。技术整合教学理论强调了教师在数学教学中的角色转变。通过合理利用技术工具，教师能够为学生提供更具互动性和参与度的数学学习体验，激发学生的学习动机和探索精神。

第四节　数学教学模式的研究意义

一、提升学生学习动机和兴趣

(一) 个性化学习体验

个性化学习体验是现代教育中的重要理念之一，它强调通过多样化的教学模式来满足不同学生的学习需求和学习风格。采用不同的教学模式不仅能够有效地传授知识，还能够激发学生的学习兴趣和动机。传统的讲授式教学虽然有其必要性，但往往难以充分考虑到每个学生的个性化需求。因此，教育界逐渐倡导和实践个性化学习，旨在提升教学效果和学习成果。个性化学习体验的关键在于根据学生的学习能力和兴趣特点，有针对性地选择和应用不同的教学方法。例如，对于那些对抽象概念理解较快的学生，可以采用探索式学习模式，让他们通过自主探索和发现来深入理解数学原理；而对于那些善于合作和团队工作的学生，则可以设计合作学习项目，通过小组合作解决实际数学问题，以增强他们的团队合作能力和问题解决能力。

个性化学习的理念还体现在教学内容的选择和教学过程的灵活性上。在教学内容方面，教师可以根据学生的兴趣和学习目标进行调整和定制，引导学生选择符合其个人发展方向的数学课程或项目[①]。这种灵活性不仅能够提升学生的学习积极性，还能够培养其自主学习的能力，从而实现教育个性化的最终目标。此外，个性化学习体验还涉及教学环境和教学资源的优化利

① 封燕. 小学数学生活化教学策略研究 [J]. 华夏教师，2022(24)：70-72.

用。现代教育技术的发展为个性化学习提供了强大的支持平台，教师可以借助在线学习平台和教育应用软件，为学生提供个性化的学习资源和学习辅助工具。这些工具不仅可以根据学生的学习进度和需求进行智能化推荐，还能够实时监测和评估学生的学习表现，为教师提供数据支持和教学反馈，以便及时调整教学策略和方法。

(二) 实际问题解决

通过项目学习等模式，学生得以在解决真实世界中的问题时，深刻体验到数学知识的实际应用价值。这种教学方法不仅仅是为了传授抽象的数学概念和技能，更重要的是让学生通过实际问题的解决，理解和应用数学的本质和意义。在传统的课堂教学中，学生往往难以看到数学知识与现实生活的联系，因此项目学习成为一种被广泛采用的教学模式，教师通过引导学生从事真实而具体的项目，从而激发他们的学习兴趣和动机。项目学习不仅仅是将数学知识应用到实际问题中的简单操作，更是一种培养学生综合能力的有效途径。在项目学习中，学生需要运用所学的数学概念和技能，分析、设计和解决复杂的问题。例如，在几何学习中，学生可能会被要求设计一个公共空间的布局方案，要求他们考虑到面积、比例和布局的各种因素。这种实际问题的解决过程不仅能够加深学生对数学知识的理解，还能够培养其分析问题和解决问题的能力。

项目学习模式的另一个重要特点是能够增强学生的学习动机。通过参与项目学习，学生能够看到自己所学的数学知识如何直接应用于解决现实生活中的问题，这种直接的联系使他们对学习数学产生了更深的兴趣和动机。与传统的课堂学习相比，项目学习更加贴近学生的生活和实际需求，因此更容易激发他们的学习热情和积极性。此外，项目学习还能够促进学生的跨学科能力和综合素质的发展。在项目中，学生不仅需要运用数学知识，还可能需要结合其他学科的知识和技能，如科学、技术、工程和艺术等，进行综合性的思考和操作。这种跨学科的学习经历不仅有助于学生在学术上的全面发展，还有助于他们培养创新精神和解决复杂问题的能力。

二、培养学生的数学思维和创新能力

（一）探索和发现

探索式学习模式是一种强调学生自主探索和发现的教学方法，特别适用于培养学生的数学思维和问题解决能力。在这种教学模式下，教师的角色更多是引导者和促进者，而不是简单的知识传授者。通过自主探索，学生不仅能够深入理解数学概念的本质，还能够发展出创新性解决问题的能力。探索式学习的核心在于激发学生的好奇心和探索欲望。学生被赋予了自主选择学习路径和方法的权利，他们可以根据自己的兴趣和理解水平，自由地探索数学问题。这种自主性不仅能够增强学生的学习动机，还能够培养其自主学习和自主解决问题的能力，这对于他们未来的学习和职业发展至关重要。

在探索式学习中，学生通常会面对开放性和复杂性较高的问题。这些问题不仅要求学生应用所学的数学知识和技能，还要求他们发挥创造性地提出解决方案。例如，学生可能会被要求自主设计一个几何图形的优化方案，要求他们不仅仅考虑数学规则和公式，还要思考如何最大化或最小化某些特定的属性。这种探索过程不仅仅是为了得出正确的答案，更重要的是培养学生的逻辑思维和分析能力。此外，探索式学习还能够促进学生之间的合作与交流。在解决复杂问题的过程中，学生可能需要与同学进行讨论和合作，共同探讨解决方案。这种合作不仅能够加深学生对数学问题的理解，还能够培养其团队合作和沟通能力，这些能力对于他们未来进入社会具有重要意义。探索式学习能够帮助学生建立扎实的数学基础。通过深入探索和发现，学生不仅能够理解数学概念的本质，还能够在实际问题中应用这些概念。这种基础不仅有助于学生在学术上的进步，还能够为他们今后的学习和职业发展打下坚实的基础。

（二）合作与交流

合作学习模式是一种强调学生之间交流与合作的教学方法，其重要性不仅在于促进知识的共享和交流，更在于培养学生的创新思维和团队合作能力。通过合作学习，学生不仅能够共同探讨和解决问题，还能够相互学习和协作,这对于他们未来的学习和职业生涯具有重要意义。合作学习的核心在于通过小组合作的方式,让学生共同参与学习。在小组中,每位学生都有机会发挥自己的优势,同时也需要学会倾听和尊重他人的意见。这种合作不仅能够促进学生之间的友好交流,还能够培养他们的团队合作精神和协作能力,这些能力对于他们今后在工作和生活中的成功至关重要。

学生不仅仅是被动地接受知识,更多的是通过与同学的互动和讨论,共同探索和理解复杂问题。例如,在数学学习中,学生可以分组进行集体讨论和解答复杂的数学问题,通过相互交流和碰撞思想,共同找到最佳的解决方案。这种过程不仅能够加深学生对数学概念的理解,还能够提升他们的问题解决能力和创新思维。此外,合作学习还能够促进学生之间的社交和情感发展。在小组中,学生需要与同学建立互信和合作的关系,这不仅有助于培养他们的人际交往能力,还能够增强他们的集体荣誉感和责任感。通过共同努力和协作,学生能够体验到团队合作带来的成就感和自豪感,这对于他们的个人成长和社会适应能力具有深远影响。

最重要的是,合作学习模式能够培养学生的创新思维和解决问题的能力。在小组中,学生需要通过思维碰撞和集思广益的方式,找到最佳的解决方案。这种创新精神不仅有助于他们在学术上的进步,还能够为他们未来进入职场和参与社会生活打下坚实的基础。

三、促进数学教学质量的提升

(一) 个性化教学实施

个性化教学实施是一种根据学生的实际情况和学习能力,选择合适的教学模式,以提升教学效果和学习成绩的方法。每个学生的学习方式和学习节奏都有所不同,因此个性化教学的重要性日益凸显。个性化教学的核心在于关注每个学生的个体差异。通过了解学生的学习风格、兴趣爱好以及学习能力的特点,教师可以有针对性地调整教学方法和策略,以提供最有效的学习支持。例如,对于数学学习中理解速度较慢的学生,可以采用更多的视觉化教学方法或者辅助教具,帮助他们更好地理解抽象的数学概念。

个性化教学不仅关注学生的学术表现,还关注其整体发展。教师根据学生的兴趣和能力选择适合的学习内容和活动，可以激发学生的学习动机，增强其学习的自主性和参与度。这种个性化的学习体验能够帮助学生更好地发挥其潜力，从而在学业上取得更好的成绩。此外，个性化教学还能够提升教学效果。通过针对性地调整教学内容和方法，教师可以更好地满足学生的学习需求，从而提高他们的学习效率和学习成绩。

个性化教学还能够促进学生的自主学习能力和批判性思维能力的培养。通过给予学生自主选择学习内容和学习方式的权利，教师可以培养他们自主学习的习惯和能力。同时，个性化教学也鼓励学生分析和评估自己的学习表现，从而提升其批判性思维和问题解决能力。通过根据学生的实际情况和需求量身定制的学习计划，可以让学生感受到教育的个性化关怀和支持，从而增强他们对学习的投入和热情。这种积极的学习态度不仅有助于提高学习成绩，还能够为学生的长远发展打下坚实的基础。

(二) 教学方法创新

当今教育领域，数学教学方法的创新与发展是提升教学质量和学习效果的关键。传统的数学教学模式通常以传授知识为主，而现代教育理念更倾向于引导学生探索与发现，培养其独立思考和问题解决能力。因此，研究不同的数学教学模式成为教师们不可或缺的任务之一。在教学方法创新的过程中，一种重要的探索是基于问题的学习模式。这种模式强调通过真实世界中的问题或情境来激发学生的学习兴趣和动机，使他们在解决问题的过程中逐步掌握数学知识和技能。与传统的抽象教学相比，基于问题的学习能够更好地激发学生的学习兴趣，增强他们的学习动机，从而提高数学学习的效果和深度。

个性化教学强调根据学生的不同学习需求和兴趣特点，量身定制教学内容和方式，以提升每位学生的学习体验和成绩。通过运用现代技术手段，如智能化教育平台和个性化学习软件，教师能够更精确地把握学生的学习进度和理解程度，从而及时调整教学策略，有效地促进数学学习的个性化发展。此外，合作学习模式在数学教育中的应用也越来越受到重视。合作学习强调学生之间的合作与协作，通过小组讨论、集体解决问题等活动，促进学生的思想碰撞和知识共享。这种模式不仅有助于培养学生的团队合作精神和沟通能力，还能够激发他们在数学学习中的积极性和创造力，使教学过程更富有活力和互动性。

四、适应现代教育需求和发展趋势

(一) 教育技术整合

在当今信息化快速发展的背景下，教育技术的整合已成为提升教学效果和教育质量的重要手段。结合现代教育技术，如在线学习平台和数字工具，不仅能够丰富教学内容，还可以有效支持和优化各种教学模式的实施。通过这些平台，教师可以轻松地创建和分享教学资源，包括课件、视频、在线测验等，使学生可以随时随地获取学习材料，并在自己的节奏下进行学习。这种灵活性不仅提升了学习的便利性，还为学生提供了个性化学习的机会，根据自身的学习进度和理解程度进行学习。

数字工具的应用极大地丰富了教学模式的多样性和趣味性。例如，虚拟实验室可以模拟真实的实验环境，让学生在安全和控制的条件下进行实验操作，从而加深对理论知识的理解并提高应用能力。另外，交互式课件和学习游戏等数字工具能够激发学生的学习兴趣，使教学过程更具互动性和吸引力。教育技术整合不仅改变了教学内容的传递方式，也提升了教学效果和学习成果的评估。传统的教学评估往往依赖于课堂测验和考试，而现代的在线学习平台则提供了更多元化和实时的评估手段。通过在线测验和作业提交，教师可以及时获取学生的学习情况和表现数据，从而有针对性地进行教学指导，提高学习的针对性和有效性。

教育技术的整合也促进了教师专业发展和教学质量的提升。教师可以通过参与教育技术培训和在线教育资源开发，不断提升自己的教学能力和数字素养，更好地应对信息化教育的挑战和机遇。教师的专业发展不仅促进了个人的职业成长，也为学校和教育系统的整体发展贡献了力量。

(二) 教学创新推动

研究数学教学模式的重要意义在于其推动了教育改革的进程，使之能够更好地适应当今社会和经济发展对人才培养的新需求。数学作为一门基础学科，其教学模式的创新不仅直接影响学生的学习效果，也深刻影响着整个教育体系的发展方向和质量提升。教学模式的创新不仅仅是理论探索，更是为教育实践注入了新的活力和动力。传统的教学方法虽然在一定程度上已经积累了丰富的经验，但随着社会变革和科技进步的加速，教育面临着新的挑战和机遇。因此，研究和探索数学教学模式如何创新成为迫切需要解决的问题之一。

教育改革的核心在于如何通过创新教学方法，培养学生的创新精神和实践能力。数学作为一门普遍认为抽象和理论的学科，其教学模式的创新能够通过问题解决、探索发现等方式，激发学生的兴趣和动机，提升其学习的主动性和深度。这不仅有助于学生在学术上的成就，也为其未来的职业发展奠定了坚实的基础。此外，数学教学模式的创新还可以促进跨学科的融合和协同发展。在当今复杂多变的社会环境中，知识的边界日益模糊，不同学科之间的交叉与融合越发频繁。通过引入跨学科的教学方法和案例研究，数学教育能够更好地与其他学科如科技、工程等进行对接，培养学生的综合能力和创新思维，为其未来在各个领域的发展提供全面支持。教师作为教育的中坚力量，其教学理念和方法的更新换代直接影响到教育质量和学生成长。通过参与数学教学模式的研究和应用，教师不仅能够提升自身的教学能力和创新意识，还能够有效地应对教育实践中的各种挑战，推动学校教育质量的全面提升。

第二章　传统数学教学模式

第一节　讲授法

一、讲授法概述

讲授法是一种传统的教学模式，它以教师为中心，通过教师对知识的直接传授和解释，引导学生学习。讲授法侧重于通过系统讲解和演示，向学生传授数学的基础概念、定理和解题方法，帮助学生建立起数学知识体系。

二、讲授法教学的特点

(一) 教师主导

在教学实践中，讲授法是一种重视教师主导作用的传统教学模式。教师在这种教学模式下扮演着至关重要的角色，他们不仅是知识的传递者，更是学生学习过程中的引导者和指导者。教师的主导作用体现在多个方面，从教学内容的设计到课堂过程的组织，再到知识的传授和应用，都贯穿着教师的专业化与指导性。在讲授法的框架下，教师首先需要精心设计教学内容。这不仅包括了教材的选择和教学大纲的编排，还涉及如何将抽象的数学概念和理论通过具体的案例和实例进行生动讲解，以便学生能够更好地理解和掌握[①]。教师需要根据学生的学习水平和理解能力，调整和优化教学内容的组织结构，确保教学的系统性和逻辑性。

在课堂进程的组织方面，教师必须灵活应对，根据实际情况进行调整和控制。通过有效的课堂管理和互动引导，教师能够在课堂上营造积极的学习氛围，激发学生的学习兴趣和参与度。教师不仅是课堂的组织者，还是学

---

① 郭恬梦 . 小学数学课堂教学中师生互动的有效性研究 [J]. 甘肃教育研究，2023（1）：51-53.

生学习的动力源泉，通过精彩的讲解和精心设计的教学活动，吸引学生的注意力，引导他们积极思考和探索数学问题的解决方法。教师在讲授过程中的角色不仅仅是知识的传授者，更是学生学习过程中的导航者。通过丰富的教学经验和专业知识，教师能够及时发现学生的学习困难和问题，并给予针对性指导和支持。教师应当根据学生的反馈和理解情况，调整教学策略和方法，以提高教学效果和学生的学习成果。此外，教师的示范作用在讲授法中尤为突出。通过生动的案例分析和实际问题的解决，教师能够向学生展示数学知识的实际应用价值和解题方法。这种示范不仅帮助学生理解抽象概念，还培养了他们独立思考和解决问题的能力，从而提升了他们在数学学科中的综合素质和学术能力。

(二) 结构化教学

结构化教学是一种注重教学计划和课程安排的教学方法，其目的是通过有序的教学过程，向学生系统地介绍数学的基础概念和重要原理，确保教学内容的系统性和完整性。在实施结构化教学时，教师首先需要精心设计教学计划。教学计划是教学活动的蓝图，包括了教学目标的设定、教学内容的选择和组织、教学方法的确定等方面。通过制订科学合理的教学计划，教师能够在教学过程中有条不紊地引导学生学习数学知识，确保教学内容的全面性和深入性。

在课程安排方面，结构化教学强调按照预设的教学大纲和课程表，合理安排每堂课的教学内容和进度。通过严格执行教学安排，教师可以有效控制教学进度，保证每个学习环节的质量和效果。这种有序的课程安排不仅有助于学生对数学知识的系统性掌握，还为他们提供了清晰的学习路径和逻辑框架。结构化教学模式注重教学内容的系统性和完整性。教师在教学过程中，通过逐步分解和组织教学内容，确保每个学习环节的衔接和连贯性。例如，教师可以将数学知识按照主题或难易程度进行分类和排序，逐步引导学生从简单到复杂，从表层到深入地理解和掌握数学概念和方法。

结构化教学还注重教学过程中的反馈和调整。教师通过课堂互动、作业批改、个性化辅导等形式，及时获取学生的学习反馈，发现和解决学习困难。同时，教师可以根据学生的学习反馈和理解情况，灵活调整教学方法和策略，确保教学效果的最大化和学习目标的实现。

(三) 学生接受角色

学生在教学中扮演的角色多种多样，其中最为显著的便是知识的接受者。他们不仅仅是被动接收信息的对象，更是通过各种方式积极参与到教学过程中。课堂上，学生们通过聆听教师的讲解，倾听知识的源泉，从而在学习中不断汲取新的知识和见解。笔记记录作为一种重要的学习手段，帮助学生将课堂上的抽象概念和关键观点具体化，加深对学习内容的理解和记忆。学生们不仅仅是被动的接收者，他们还通过积极参与，如提问、回答问题和与同学们的互动，将课堂变成了一个生动而富有活力的学习环境。这种参与不仅仅是为了表达自己的看法，更重要的是通过讨论和辩论，深化对知识的理解，拓展思维的边界，激发学习的兴趣和动力。学生们还通过课后的复习和总结，巩固和强化课堂上所学的内容。他们通过阅读课外资料、解决问题和参加小组讨论，进一步拓展和应用所学知识，形成更为完整和深刻的学习体验。这种学习过程不仅仅是对教师讲授的内容的被动接受，而且是通过自主学习和思考，将知识转化为自己的能力和素养。

(四) 效率和量化评估

讲授法作为一种传统的教学方法，其独特之处在于能够在较短的时间内传授大量的知识内容。教师通过系统的教学安排和精心设计的课堂活动，有效地向学生介绍和解释各种学科领域的复杂概念和理论框架。在这个过程中，教师不仅仅是知识的传递者，更是引导学生理解和掌握知识的关键人物。教学过程中，课堂测试是一种常见的量化评估方式。通过定期的小测验或者课堂练习，教师可以及时了解学生对知识掌握的程度和学习进度。这些测试不仅有助于评估学生的学习效果，还能帮助教师调整教学策略，有针对性地解决学生可能遇到的学习困难和误解。通过及时反馈和个性化的指导，教师能够有效地提升教学效果，确保每位学生都能够达到预期的学习目标。

除了课堂测试，作业和考试也是常见的评估形式。作业不仅能够帮助学生巩固课堂上所学的知识，还能培养他们的自主学习能力和解决问题的能力。通过布置有针对性的作业任务，教师可以评估学生对特定主题或概念的理解程度，并通过作业批改和反馈，指导学生进一步提高学习质量。在教学的不同阶段，考试则成为一种更为全面和综合的评估方式。期中考试和期末考试不仅能够检验学生对整个学期内容的掌握程度，还能评估他们在时间管理、应对压力和复习策略等方面的能力。通过考试成绩的分析，教师可以发现学生的学习弱点和挑战，进而制订个性化的学习计划和提升方案。教师的量化评估不仅限于学生的学业成绩，还包括对学生学习态度和参与度的评估。通过观察学生在课堂上的表现和参与活动的程度，教师可以了解每位学生的学习动机和学习习惯，为其提供更为精准的教育指导和支持。

三、数学讲授法教学模式的具体应用

(一) 基础概念的讲解

教师在数学教学中扮演着至关重要的角色，通过系统讲解和示范，向学生介绍和解释数学的基础概念。数学作为一门抽象而又精确的学科，其基础概念包括数学公式、定理以及基本的运算规则。这些概念构成了数学知识的核心框架，为学生建立起扎实的数学基础提供了必要的支持和理论依据。在教学过程中，教师首先通过清晰讲解，向学生介绍各种数学公式的定义和应用。数学公式是数学思想的凝练表达，通过数学公式，学生能够理解和表达各种数学关系和规律。教师通过具体的例子和实际应用，帮助学生理解数学公式的意义和作用，引导他们探索公式背后的数学原理和逻辑结构。

除了数学公式，教师还向学生介绍数学定理。数学定理是数学推理的重要工具，通过严密的逻辑推导和证明，确立了各种数学命题的真实性和普遍性。教师通过讲解定理的前提条件、推导过程和结论，帮助学生理解和掌握定理的含义和应用场景。定理的学习不仅有助于学生理解数学的深层次逻辑思维，还培养了他们的推理能力和解决问题的方法论。此外，基本的数学运算规则也是数学教学中不可或缺的部分。教师通过示范和实例演绎，向学生介绍加减乘除等基本运算的规则和性质。这些运算规则是数学学习的基础，为学生掌握更复杂的数学概念和技巧打下坚实的基础。通过反复练习和应用，学生能够逐步提高运算的准确性和速度，从而更加游刃有余地运用各种数学技巧和方法。

(二) 解题方法的演示

讲授法通过演示和详细的步骤讲解，向学生展示数学问题的解题方法和策略，这是培养学生数学思维和解决问题能力的重要途径。教师通过精心设计的典型例题和案例分析，帮助学生逐步理解和掌握解题的逻辑思维过程，从而提升他们在数学学习中的成功率和自信心。教学的第一步，是通过直观的演示向学生展示解题的整体思路和方法。教师可以选择具有代表性的问题，通过清晰的步骤演示解题过程，引导学生逐步理解问题的结构和解决途径。

教师通过详细的步骤讲解，深入分析每一个解题步骤的逻辑和方法。通过解析每一步的思维过程和技巧，教师帮助学生理解问题的本质，并培养他们在解题中的逻辑推理和分析能力。例如，教师可以通过详细的几何图形分析和证明过程，演示如何应用几何定理和公式解决复杂的几何问题，引导学生掌握解题的方法和策略。教师通过选取具有代表性和挑战性的例题，展示不同解题方法的应用和比较，帮助学生理解和选择最优的解题策略。通过案例分析，学生可以从实际问题出发，理解数学理论和方法的实际应用，培养解决实际问题的能力和技巧。教师通过练习和反馈，巩固学生对解题方法的理解和掌握。定期的练习和模拟考试不仅能够帮助学生巩固所学的知识和技能，还能够评估他们在解题过程中的表现和进步。通过及时反馈和指导，教师能够发现学生可能存在的问题和困难，帮助他们及时调整学习策略和方法，提高解题的效率和准确性。

(三) 知识的深化和扩展

教师不仅仅是传授基础知识的角色，更重要的是通过拓展课堂内容，深化学生对数学知识的理解和应用能力。通过引入实际问题和跨学科的应用案例，教师帮助学生将抽象的数学概念与实际生活和其他学科进行联系，从而激发学生的学习兴趣，提高他们的学习动机和学术成就。教师可以通过引入实际生活中的数学问题，帮助学生将抽象的数学理论与实际情境相结合。例如，在代数学习中，教师可以选择与日常生活密切相关的实际问题，如利息计算、货币兑换等，通过这些实际问题，学生能够直观地理解代数运算的应用和意义，从而增强他们对代数知识的兴趣和理解能力。

教师可以将数学知识与其他学科，如物理、化学、经济学等进行跨学科的整合和应用。拓展课堂内容还可以通过引入前沿的数学应用和技术，促进学生对数学知识的深化理解。例如，引入数学在信息技术领域的应用，如数据分析、机器学习等，教师可以通过实际案例和应用场景，展示数学在解决实际问题和推动科技进步中的重要作用。这种引入前沿技术和应用的方式，不仅能够吸引学生的兴趣，还能够培养他们的创新思维和解决实际问题的能力。

教师在拓展课堂内容时，还可以通过组织数学竞赛和项目实践活动，进一步激发学生的学习热情和竞争意识。例如，组织数学建模比赛、数学实验设计等活动，不仅能够培养学生的团队合作能力和创新精神，还能够提升他们在数学应用和解决实际问题中的能力。

(四) 互动和反馈

讲授法的核心在于促进教师与学生之间的密切互动。这种教学方法通过多种形式的课堂互动，如课堂讨论、问题提问和回答，有效激发学生的思维，推动他们对数学概念的深入理解和应用能力的发展。教师在课堂上不仅仅是知识的传递者，更是学习过程中的引导者和反馈者，他们能够根据学生的表现及时提供个性化的指导和反馈，帮助学生克服学习中遇到的各种困难，进而提升学习效果。通过组织学生进行小组讨论或全班讨论，教师可以引导学生探讨数学问题的不同解决方法和思考过程，激发他们的学习兴趣和思维深度。例如，教师可以设计具有挑战性的问题，鼓励学生结合课堂所学知识，进行深入分析和讨论，从而培养他们独立思考和解决问题的能力。

教师不仅要善于提出问题引导学生思考，还要灵活运用不同类型的问题，如开放性问题和引导性问题，引发学生思维的多样性和广度。通过及时回答和解释，教师能够帮助学生厘清思路，纠正错误认识，确保学生对数学概念的准确理解。此外，教师还应当关注学生的回答质量，通过表扬和建设性反馈，鼓励学生参与到课堂互动中，增强他们的学习动机和自信心。反馈应当及时、具体和个性化，以确保学生能够从中得到有效学习帮助。例如，教师可以针对学生在课堂互动中表现出的理解水平和解题能力，给予具体的评价和建议，帮助他们改进学习策略和方法。通过反馈，学生不仅能够及时纠正错误，还能够逐步提升自己的学习水平和数学能力。

第二节　练习法

一、练习法概述

练习法是数学教学中常用的一种教学模式，其核心在于通过大量的练习和实践，巩固和加深学生对数学知识和技能的理解和掌握。这种教学方法强调学生在解决实际问题和数学练习中的反复练习和应用，以提升他们的数学能力和解决问题的能力。

二、练习法教学的特点

(一) 重视实践应用

重视实践应用在数学教学中扮演着至关重要的角色。这一教学理念强调学生不仅仅要学习数学的理论知识，更要将这些知识应用到实际生活和解决问题中。通过实际应用，学生能够更深入地理解数学的实用性和重要性，培养出色的问题解决能力。实践应用教学模式的核心在于通过真实的场景和案例，激发学生的学习兴趣和动机。例如，教师可以设计与日常生活密切相关的数学问题，如购物计算、实地测量等，让学生在解决这些问题的过程中，逐步掌握数学方法和技巧。这种方式不仅使学习变得更加具体和实际，还能够增强学生的学习自信心，让他们意识到数学的普遍应用性。

他们不仅是知识的传授者，更是学习过程中的引导者和实践指导者。通过精心设计的实际问题和案例分析，教师能够引导学生探索解决问题的各种可能性和方法，培养学生分析、推理和创新的能力。这种教学方法不仅有助于学生掌握数学知识，还能够培养他们的批判性思维和解决复杂问题的能力。此外，实践应用教学模式还可以帮助学生理解数学知识的实际意义和应用场景。

在实践应用教学中，学生通常会面对各种挑战和困难。这些挑战不仅来自数学问题本身的复杂性，还包括如何将数学方法有效地应用到实际情境中。因此，教师在教学过程中不仅要提供正确的答案和方法，更要引导学生思考和探索解决问题的途径[①]。这种过程不仅仅是知识的传授，更是学习思维方式和解决问题技能的培养。

(二) 巩固知识

巩固知识这一过程通过大量的练习，旨在加深学生对数学知识的理解和记忆，以确保他们能够在实际应用中熟练运用所学的数学概念和方法。为了有效巩固数学知识，教师通常设计多样化的练习，涵盖从基础概念到复杂问题的全面范围。这些练习不仅仅是简单重复操作，而是通过回答不同类型、不同难度的问题，帮助学生逐步深入理解数学的本质和应用方法。学生通过反复做题，可以逐渐提高对数学概念的熟悉度和运用的熟练度。这种反复练习不仅有助于加深记忆，还能够巩固学生对数学规律和方法的掌握。例如，通过反复解决类似类型的题目，学生能够更加自信地应对考试和实际问题。

教师在设计练习时，还应当考虑到学生的学习进度和能力水平。因此，练习题目的难度和复杂程度应当根据学生的实际情况进行调整和安排。这种个性化的练习设计，能够有效地激发学生的学习兴趣和动机，提高他们的学习效果和成绩表现。除了传统的书面练习外，现代技术手段也为巩固知识提供了新的可能性。例如，数学教学软件和在线平台可以为学生提供个性化的练习和反馈机制，帮助他们在更加灵活和互动的学习环境中进行知识巩固和应用练习。

(三) 反馈及时

及时的反馈在练习法教学中扮演着至关重要的角色。通过及时发现学生的学习困难和错误，教师能够为学生提供针对性反馈和指导，帮助他们及时调整学习策略，从而更有效地提升学生的学习效果和成绩表现。教师通过练习法能够深入了解每位学生的学习情况和学习进展。通过分析学生在练习过程中的表现，教师能够识别学生在理解概念、运用方法或解决问题时可能

---

① 黄友初. 小学数学综合与实践教学的内在逻辑与实施要点 [J]. 数学教育学报，2022,31(5)：24-28.

遇到的困难。这种精准的诊断能力使教师能够及时介入，提供针对性帮助和指导，帮助学生克服困难，顺利完成学习任务。

及时反馈不仅仅是指出学生的错误，更重要的是为他们提供改进的具体建议和策略。例如，教师可以根据学生的错题和常见错误类型，向他们解释正确的解题方法和策略，引导他们思考和探索更有效的解决方案。这种个性化的反馈和指导，能够帮助学生更好地理解和掌握数学知识，提高他们的学习自信心和成就感。在练习法教学中，反馈应当及时到位，以便学生在学习过程中及时调整和改进。通过即时性的反馈，学生可以迅速发现和纠正自己的错误，避免错误形成不良的学习习惯和误解。这种反馈机制不仅有助于提高学习效率，还能够增强学生对学习的积极性和主动性。此外，及时反馈也有助于建立良好的师生关系和学习氛围。学生在得到教师的积极关注和个性化指导后，会更加愿意参与课堂讨论和学习活动，从而增强整体的学习体验和学习成效。这种互动性的教学模式，不仅促进了学术上的进步，还提升了学生的自学能力和问题解决能力。

三、数学练习法教学模式的具体应用

(一) 练习分类

教师根据教学内容和学生的能力水平，精心设计不同类型和难度的练习题，如基础练习、拓展练习和应用练习，以满足学生的学习需求，同时促进他们的数学能力和思维发展。基础练习是数学学习的起点和基础。这类练习题目通常围绕课堂上所学的基本概念和方法展开，旨在帮助学生牢固掌握数学基础。拓展练习则是在基础练习的基础上，对学生的数学能力进行深化和扩展的练习。这类练习题目通常设计更复杂、更具挑战性，旨在激发学生的思维深度和创新能力。应用练习是将数学知识应用到实际问题解决中的重要环节。这类练习题通常设计具体场景或实际案例，要求学生运用所学的数学知识解决实际生活或学科领域中的问题。练习分类的设计需要考虑到学生的学习需求和能力水平的差异。教师应当根据学生的实际情况，合理安排和调整不同类型练习的比例和难度，以达到最佳的教学效果。通过多样化的练习设计，教师不仅能够满足学生的学习需求，还能够激发他们的学习兴趣和

动机，促进他们全面发展和成长。

（二）练习组织

通过不同形式的练习组织，如个人练习、小组合作练习或全班竞赛，教师能够有效激发学生的学习积极性和团队合作精神，从而显著提高数学学习的效果和成效。通过个人练习，每位学生可以在自己的节奏和理解能力下完成练习题目，有助于培养学生的自主学习能力和解决问题的独立性。例如，教师可以布置一些个性化的练习题目，让学生在自己的学习时间内完成，并通过作业或考试形式进行评估。这种形式不仅能够促进学生对数学知识的掌握和理解，还能够提高他们的学习效率和自我管理能力。

小组合作练习则强调学生之间的合作与交流。在小组内部，学生可以共同探讨和解决复杂的数学问题，通过合作学习互相促进和补充。例如，教师可以安排小组讨论或项目合作，让学生共同研究和解答难题，集思广益，提高问题解决能力。这种形式不仅能够促进学生的团队精神和合作能力，还能够开阔他们的思维视野，提升解决问题的多样性。全班竞赛形式的练习则通过比赛的竞争性和激励性，激发学生的学习动力和竞争意识。例如，教师可以设计数学竞赛或游戏活动，让学生在比赛中展示他们的数学能力和快速解决问题的能力。通过这种形式，学生不仅能够在竞争中找到学习的乐趣和动力，还能够提高他们的应试能力和心理素质。同时，全班竞赛也能够增强班级的凝聚力和团队合作精神，促进良好学习氛围的形成和积极学习态度的养成。

练习组织的多样性和灵活性有助于满足不同学生群体的学习需求和兴趣特点。教师在选择和设计练习形式时，应当考虑到学生的个体差异和学习风格，合理安排和调整练习的难度和形式，以达到最佳的教学效果和学习成效。通过有效的练习组织，教师不仅能够提高学生的学术成绩，还能够培养他们全面发展的能力和素养，为其未来的学习和生活奠定坚实的基础。

（三）问题解析

教师在学生完成练习后，通过讲解典型题目的解题方法和策略，引导学生从中总结规律和方法，加深对数学概念的理解和掌握。问题解析的过程，不仅仅是简单地告诉学生正确答案，更重要的是帮助他们理解解题的思路和过程。通过详细分析题目的解题步骤和方法，教师能够引导学生逐步理解和掌握解题的技巧和策略。例如，教师可以通过示范和讲解，向学生展示如何应用数学公式和概念来解决具体的数学问题，让学生从实例中领会和掌握数学知识。

通过分析典型题目的解题过程，教师可以向学生指出常见的错误和误区，帮助他们避免类似的问题，提高解题的准确性和效率。例如，教师可以针对常见的易错点进行重点讲解，让学生在学习中逐步克服困难，增强解题的信心和能力。问题解析还有助于培养学生的思维能力和创新意识。通过引导学生分析和思考不同解题方法的优劣，教师能够激发学生的思维灵活性和创造力，培养他们独立解决问题的能力。例如，教师可以引导学生探讨不同解题策略的适用场景和效果，让他们在实践中灵活运用所学的数学知识。通过反复讲解和示范，教师可以帮助学生建立起对数学知识体系的整体认知，使其能够深入理解数学的逻辑和推理过程。这种深度理解不仅有助于学生在课堂和考试中取得优异成绩，还能够为他们今后的学习和职业发展打下坚实的数学基础。

(四) 错题订正

通过鼓励学生在完成练习后进行错题订正，能够帮助他们发现和理解错误的原因，避免类似错误的再次发生，从而显著提升学习效果和成绩。错题订正不仅仅是简单的改正错误答案，更重要的是帮助学生分析和理解错误背后的原因。例如，教师可以引导学生回顾错误的解题过程，分析问题出现的根本原因和解题方法的不足之处。通过这种过程，学生能够更加深入地理解数学概念和解题方法，从而有效提高学习的深度和广度。

错题订正还能够帮助学生建立起对数学知识的全面认知。通过分析和订正错误，学生可以逐步弥补知识上的漏洞和缺陷，加深对数学理论和实际应用的理解。例如，当学生在错题订正过程中出现了概念理解不透彻或运算方法错误时，教师可以及时进行指导和讲解，帮助学生消化和吸收正确的数学知识。错题订正还能够有效提升学生的自主学习能力和解决问题的能力。通过自主发现和订正错误，学生不仅能够增强自我学习的动力和自律性，还能够培养独立解决问题的能力。例如,教师可以鼓励学生在错题订正中积极思考和总结,形成解决问题的有效策略和方法,从而提升其学习的效率和成效。

错题订正能够促进学生的持续进步和学习态度的积极性。通过及时发现和纠正错误,学生能够在学习过程中保持良好的学习态度和动力,不断提升自己的学术成绩和学习能力。这种积极的学习态度和持续进步的动力,对学生的整体发展和终身学习具有重要的推动作用。

第三节 讨论法

一、讨论法概述

讨论法是一种基于学生参与和互动的教学方法,通过引导学生自主探索、讨论和解决问题来促进他们的学习和思维发展。它不同于传统的讲授式教学,强调学生在问题解决过程中的角色,注重学生的批判性思维和团队合作能力。

二、讨论法教学的特点

(一) 促进批判性思维

讨论法作为一种教学方法,以其独特的方式促进了学生的批判性思维能力。在教育实践中,它不仅仅是知识的传递和学习的工具,更是培养学生深入思考、分析问题的关键途径。讨论法通过引导学生质疑和挑战信息,激发了他们的思维深度和广度。学生不仅仅是简单地接受公式和定理,更是通过讨论问题的过程,学会怀疑和分析背后的逻辑,从而培养出独立思考和判断的能力。这种能力不仅在学术研究中有所体现,在日常生活中也能够帮助学生更好地理解和应对各种复杂情况。

此外,讨论法还通过实际问题的讨论和解决过程,促使学生学会评估信息的有效性和适用性。学生需要不断地思考和评估不同解题方法的优劣,并理解每种方法的适用场景。这种能力培养了学生的批判性思维,使他们在面对复杂问题时能够以客观、全面的角度进行分析和判断。批判性思维的培养不仅仅是知识传授的结果，而且是教育的根本目标。通过讨论法，教师能够引导学生在解决数学问题时思考问题的本质和核心，而不是仅仅追求表面的答案。这种思维模式不仅能够提升学生的学术能力，还能够培养他们的创新能力和解决问题的能力，为未来的学习和职业生涯奠定坚实的基础。

(二) 多样化学习方式

在现代教育理念中，越来越重视学生个性化的学习需求和灵活的学习方式。讨论法通过其开放性和互动性，为不同学生的学习风格和节奏提供了适应性强的教学平台。每个学生都有自己独特的学习方式和节奏，讨论法正是通过其多样化的教学方式，能够有效地满足这些差异化的需求。例如，有些学生喜欢通过实际问题的讨论来理解数学概念，而另一些学生可能更倾向于通过小组合作来加深对知识的理解。讨论法不仅允许学生在问题解决过程中自主选择学习的方式，还能够根据学生的实际需求进行灵活调整和指导。

此外，讨论法还通过其互动性和开放性，促进了学生的主动学习和自主探索。在讨论过程中，学生不仅仅是知识的接收者，更是知识的创造者和应用者。例如，通过小组讨论和案例分析，学生可以在实际问题中发现数学知识的应用场景，从而增强学习的深度和广度。多样化学习方式不仅能够满足学生个性化的学习需求，还能够提升学习的效果和学习者的满意度。教师可以根据学生的学习风格和节奏进行差异化教学设计，从而最大限度地激发学生的学习动力和学习兴趣。

(三) 团队合作

团队合作是讨论法教学的重要组成部分，它不仅仅是一种教学方式，更是一种促进学生综合能力和社交能力发展的重要手段。在现代教育实践中，团队合作通过小组内的互动和协作，能够有效地激发学生的学习动力和创造力，培养他们在团队中有效沟通、合作和解决问题的能力。在讨论法教学中，团队合作不仅仅是简单地将学生划分为小组，更是通过共同探讨和解决问题的过程，培养学生的团队合作精神。例如，教师可以将学生分为几个小组，每个小组负责解答一个复杂的数学问题或案例分析[①]。通过小组讨论，

① 王凌燕. 核心素养下的小学数学高效课堂构建 [J]. 亚太教育，2022(17)：57-59.

学生可以分享不同的观点和解决方法，学会倾听和尊重他人的意见，从而养成团队合作和协作精神。

团队合作还能够促进学生的沟通能力和表达能力。在小组讨论中，学生需要清晰地表达自己的观点和想法，与组内成员有效交流和协商，从而达成共识和解决问题。这种能力对于学生未来的学习和职业生涯至关重要，特别是在团队项目和工作中，良好的沟通和合作能力是成功的关键因素之一。此外，团队合作还能够培养学生的领导能力和组织能力。学生可以根据自己的特长和兴趣，承担不同的角色和责任，学会有效地组织和管理团队活动。这种经验不仅能够提升学生的自信心和自主学习能力，还能够为他们未来的职业生涯做好充分准备。

三、数学讨论法教学模式的具体应用

(一) 问题驱动学习

问题驱动学习是讨论法教学的核心理念之一，它通过设计具有挑战性的问题或案例，激发学生的学习兴趣和解决问题的能力。问题驱动学习尤为重要，因为数学作为一门理论与实践相结合的学科，需要学生不断探索和实践，才能真正理解其深层次的意义和应用。问题驱动学习首先在于引发学生的学习兴趣和探索欲望。通过设计具有挑战性和实际意义的问题，教师能够激发学生的好奇心和求知欲，使他们愿意投入问题的探索和解答过程。

问题驱动学习通过讨论和合作来促进学生的深度学习和批判性思维能力。例如，学生可以从不同角度思考问题，分析问题的本质和难点，从而提升批判性思维和逻辑推理能力。这种过程不仅仅是对数学知识的应用，更是对学生综合能力的全面锻炼。此外，问题驱动学习还能够培养学生的自主学习能力和团队合作精神。在解决问题的过程中，学生需要独立思考和探索，通过团队合作来汇集不同的观点和思路，共同寻找最佳的解决方案。这种合作精神不仅能够提升学生的沟通能力和协作能力，还能够增强他们解决实际问题的能力和自信心。

(二) 案例分析

案例分析作为讨论法教学的一种重要方法，通过使用真实或虚构的案例来引发学生的讨论和思考，帮助他们在实践中应用数学知识和技能分析和解决问题。这种教学方法不仅能够增强学生的学习兴趣，还能够促进他们的批判性思维和创新能力的发展，为他们未来的学术和职业生涯奠定坚实的基础。案例分析首先在于提供具体的背景和情境，让学生能够将抽象的数学概念和理论应用到现实生活中。例如，在金融数学的教学中，可以通过分析真实的投资案例来探讨复利计算和投资回报率的计算方法。这种方式不仅能够使学生更加直观地理解数学知识的应用，还能够激发他们对数学问题的深入探索和思考。

案例分析通过学生之间的讨论和合作，促进了他们的学习交流和思维碰撞。在案例分析过程中，学生可以分享不同的见解和解决方案，学会倾听和尊重他人的观点。此外，案例分析还能够培养学生的批判性思维和解决问题的能力。案例分析还能够培养学生的创新能力和解决实际问题的能力。通过分析和解决案例中的挑战和问题，学生不仅能够加深对数学知识的理解，还能够培养解决复杂问题的能力和创新思维。这种能力对于学生未来的学术研究和职业发展至关重要，能够使他们在面对复杂和未知的挑战时能够应对自如。

(三) 角色扮演

理解和应用数学概念，特别是对于抽象的概念如角度和长度的测量，对学生而言常常是一项挑战。角色扮演作为一种教学方法，为学生提供了一个实际运用数学知识的机会，通过模拟不同角色或立场的讨论，深化他们对数学概念的理解与应用能力。角色扮演不仅仅是一种有趣的活动，更是一种促进学生交流、思考和合作的有效工具。在角色扮演的过程中，学生被分配到不同的角色或者立场，比如建筑师、工程师、设计师等，每个角色都要求他们运用数学知识来解决具体的问题。

角色扮演还有助于培养学生的批判性思维和解决问题的能力。通过模拟讨论，学生需要从不同角度思考问题，分析每个角色的需求和限制，然后找出最佳的数学解决方案。这种过程不仅仅是简单的计算，而且是对学生逻辑思维和推理能力的全面锻炼。此外，角色扮演还可以促进学生之间的合作和团队精神。在分组活动中，学生需要共同合作，各自扮演不同的角色，协作解决复杂的数学问题。通过团队合作，他们学会了倾听他人的观点，尊重不同的见解，并学会了如何在团队中发挥自己的优势，达成共同目标。

(四) 小组讨论

小组讨论作为数学教学中的一种重要活动形式，为学生提供了一个优质的学习平台。在这种模式下，学生能够在小组内分享和交流各自的数学解决方法和思路，从而促进彼此之间的学习和借鉴。每个学生都有机会分享自己对数学问题的理解和解决方法。例如，在解答复杂方程或几何问题时，不同的学生可能会采用不同的策略和方法，这种互动不仅仅是知识的传递，更是对学生解决问题能力的锻炼和提升。

学生需要评估和比较不同解决方法的优缺点，分析其适用性和效果，从而培养他们分析问题、评估选项并做出最佳选择的能力。这种思维方式对于学生未来面对复杂问题时的应对能力至关重要，能够帮助他们更加自信和有效地解决各种数学和实际生活中的挑战。除此之外，小组讨论还能强化学生之间的合作和团队精神。在小组内，学生们需要共同合作，共同探讨问题，共同解决难题。这种团队合作精神在学生未来的职业生涯中同样具有重要意义，能够帮助他们在团队中发挥自己的潜力，共同取得更大的成就。

第四节　启发法

一、启发法概述

启发法教学模式强调通过提出问题、引发思考或展示实例来激发学生的学习兴趣和积极参与。与传统的直接讲解不同，启发法鼓励学生通过自主探索和发现来构建知识结构，从而更加深入地理解数学概念和原理。

二、启发法教学的特点

(一) 学生主动性和参与度高

学生主动性和参与度高是启发法教学中的核心理念，它不仅仅是一种教学方法，而且是一种教育理念的体现。在传统的教学模式中，教师往往扮演着知识的传授者和权威人物的角色，而学生则被动接受和消化所学知识。然而，启发法教学却颠覆了这种传统的教学方式，它强调的是学生的主动参与和探索，通过学生自主解决问题或情境来实现知识的深度理解和应用。在启发法教学中，教师不再是简单地向学生灌输知识，而是扮演着引导者和促进者的角色。教师的任务是通过设计问题、情境或案例，激发学生的学习兴趣和探索欲望。学生在探索问题的过程中，不仅仅是被动地接受信息，而是积极构建自己的知识体系，培养自主学习的能力。

启发法教学的主动性体现在学生在学习过程中的自主选择和决策。例如，教师可以设计开放性的问题或挑战性的情境，让学生通过探索和实验找到解决问题的方法。这种过程不仅仅是简单的知识应用，而且是学生在思考和解决问题过程中逐步深化对数学概念的理解和掌握。此外，学生的参与度也是启发法教学中的关键要素[①]。教师通过激发学生的兴趣和好奇心，引导他们积极参与课堂活动。启发法教学还注重于学生的个性化发展和多样化学习路径的设计。每个学生的学习进程和理解深度都不尽相同，因此教师需要灵活运用启发法的教学策略，根据学生的实际情况和需求，调整教学方法和内容。

(二) 激发思维与创新

教学过程中强调引导学生进行思维的跨越与整合，激发创新和探索的潜力，是现代教育中的重要趋势之一。教师不再仅仅是传授知识，而是成为学生思维发展的引导者和促进者。在启发法教学模式下，教师通过设计开放性问题和挑战性情境，引导学生进行跨学科思维的整合，培养他们的创新意

---

① 徐明旭. 从数学语言到数学模型：小学数学的思维进阶路径 [J]. 教育理论与实践，2023，43(11)：51-54.

识和解决问题的能力。激发学生的思维跨越与整合，意味着教师需要设计具有挑战性和深度的学习任务，激励学生超越表面的理解，深入探索知识的本质和应用。教师通过激发学生的好奇心和探索欲望，引导他们在学习过程中提出新的观点和解决方案。教师在教学设计中，不仅要注重知识的传授，更要引导学生如何分析和评估信息，如何在面对复杂问题时进行有效的决策和解决方案的制定。

（三）情境化教学设计

情境化教学设计是现代教育中的一种重要教学策略，它通过创设具有现实意义或引发学习兴趣的情境和案例，为学生提供了更加真实和实践的学习环境。在这样的教学模式下，学生不仅仅是被动地接受抽象的知识，更能够在模拟或真实的情境中，运用所学知识进行实际操作和解决问题。通过情境化教学设计，教师可以设计各种情景和案例。情境化教学设计强调的是学习的实际应用和跨学科的整合。情境化教学设计还能够促进学生的团队合作和沟通能力的培养。情境化教学设计的关键在于设计合适的情境和案例，使学生能够在学习过程中积极参与和深度思考。例如，教师可以设计与实际生活相关的数学问题，让学生通过数学建模和解决实际问题的方式，提升他们的数学应用能力和创新思维。

三、数学启发法教学模式的具体应用

（一）问题导向的学习活动

问题导向的学习活动是一种教学策略，通过提出具有挑战性的问题，激发学生的思维和探索欲望，引导他们通过思考和讨论寻找解决方案。这种教学模式不仅能够增强学生的学习动机和参与度，还能够帮助他们将抽象的学科知识与实际生活场景相结合，深化对知识的理解和应用。问题导向下的学习活动特别重视数学知识在实际生活中的应用价值。例如，教师可以通过提出日常生活中的测量问题，如房间的面积计算或物体的体积估算，引导学生探索数学在测量和空间理解中的实际运用。学生不仅仅是简单学习数学公式和技巧，更能够理解数学知识在解决实际问题中的重要性和实用性。

问题导向的学习活动强调学生的主动参与和自主探索。教师在设计问题时，通常会选择那些具有一定难度和挑战性的问题，鼓励学生在小组讨论或个人思考的过程中，通过合作和交流寻找解决方案。问题导向的学习活动还能够促进学生的批判性思维和创新能力的发展。通过面对挑战性问题，学生需要不断地思考、分析和评估信息，从而培养他们对问题的深刻理解和全面思考的能力。

(二) 探索性学习任务

探索性学习任务是一种教学策略，旨在通过设计具有启发性的学习任务，如探索几何形状的属性或模式的规律，来激发学生的好奇心和探索欲望，引导他们通过实验和探索发现数学规律，并归纳总结相关知识。探索性学习任务特别注重学生的参与和主动性。例如，教师可以设计一个关于几何形状的探索任务，要求学生在小组内或个人进行实地观察和测量，探索不同几何形状的属性，如边长、面积、体积等，通过比较和实验，发现不同几何形状之间的规律和关系。通过这样的探索过程，学生不仅能够深入理解几何形状的特性，还能够培养其观察和实验设计的能力。探索性学习任务强调学生的自主探索和发现过程。教师在设计任务时，通常会提出一些启发性的问题或挑战，鼓励学生通过探索和实验，寻找解决问题的方法和策略。

(三) 案例分析和讨论

理论教学和案例分析在数学教育中扮演着不可或缺的角色。数学作为一门理论与实践并重的学科，其教学内容不仅限于公式推导和计算方法的应用，更重要的是培养学生的问题解决能力和批判性思维。案例分析是一种有效的教学方法，通过真实或虚拟的案例来展示数学问题在实际生活中的应用和解决过程。学生不仅能够学习到抽象概念和理论知识，还能够将其应用到具体的问题中，从而提升他们的学习兴趣和理解深度。

(四) 小组合作学习

小组合作学习在数学教育中扮演着重要角色，不仅能够发展学生的学术交流和合作能力，还能够加深他们对数学概念的理解和应用能力。本文将探讨如何通过组织小组讨论或合作项目来培养学生的数学见解和解决问题的能力，以及促进他们在合作中相互学习和支持的重要性。小组讨论是一种有效的教学方法，通过组织学生在小组中分享各自对数学问题的理解和解决方法，以激发他们的学术兴趣和探索精神。

合作项目可以帮助学生在团队中相互学习和支持，共同解决复杂的数学问题。例如，教师可以组织一个关于数学竞赛的团队合作项目：让学生们分组准备参加数学竞赛，并设计解决一系列挑战性数学问题的策略和方法。在合作项目中，学生们不仅需要彼此协作，还需要相互补充和支持，通过共同努力达到更高的学术成就。另外，小组合作学习还能够培养学生的批判性思维和解决问题的能力。在小组讨论或合作项目中，学生们需要分析和评估不同的数学观点和解决方案，从而培养他们的批判性思维能力。

第三章　数学教学方法

第一节　问题导向学习法

一、问题导向学习法概述

(一) 定义与特点

1. 定义

问题导向学习法是以学习者为中心的教学策略，通过呈现现实世界中的问题或挑战来激发学生的学习兴趣和动机。学生在探索解决问题的过程中不仅仅是接受知识，而是积极参与思考、分析和合作，培养了解决复杂问题的能力和创造性思维。这种方法不仅促进了知识的深入理解，还提升了学生的自主学习能力和实际应用能力，有助于他们在面对未来的挑战时更加自信和有效地应对。

2. 特点

理论与实践的结合是现代教育的重要特征。在传统教育模式之外，注重学生的参与和探究精神，已成为教育改革的关键方向。教育不再仅限于简单的知识传授，而是着眼于培养学生解决问题的能力和策略。这种转变强调的是学习过程中的互动性和实践性，鼓励学生在探索中学习，在实践中成长。学生能够更深入地理解所学内容，并将知识应用于实际生活和职业场景中。教育的变革不仅仅关乎知识本身，更在于如何运用知识解决现实问题。因此，现代教育更加注重培养学生的批判性思维和创新能力[1]。学生不再是被动接受信息的对象，而是积极地参与到学习中。这种变革促使教育者重新审视教学方法，倡导以学生为中心的教学模式。通过项目驱动的学习和跨学

---

[1] 盛海迪，唐斌. 人工智能视域下的小学数学教学分析与模式设计 [J]. 教学与管理，2023(11)：36-39.

科的整合，学生能够在实际问题中应用跨学科的知识，培养综合解决问题的能力。

教育的转型还强调了个性化学习的重要性。每个学生都有自己的学习节奏和方式，传统的一刀切教学模式已不再适用。个性化学习不仅关注学术能力的提升，还包括社交和情感发展。教育者通过理解每个学生的学习需求和兴趣，设计个性化的学习路径，以最大限度地激发每个学生的潜力。教育的本质在于启发学生的好奇心和探索欲望。学生们在真实和有意义的情境中学习，能够更深入地理解抽象的概念和理论。因此，教育不仅仅是知识的传授，而且为学生提供能力和工具，以便他们应对未来不断变化的挑战和机遇。这种教育模式的发展，不仅影响了教育现场的实践，也引领了教育理论的演变，将教育定义为持续学习和适应的过程。

（二）教学过程

1. 引入问题

在小学数学教学中，教师如何提出一个具有挑战性和现实意义的问题，以激发学生的思考和讨论，是一项重要而富有挑战性的任务。这些问题不仅仅是为了帮助学生掌握基本的数学概念和技能，更是为了培养他们的问题解决能力和数学思维。比如，在学习数学的初期阶段，教师可以提出这样一个问题："如果小明有一些糖果，他想把它们平均分给他的三个朋友，每个朋友可以分到几颗糖果？"这个问题不仅考验学生的除法运算能力，还让他们思考如何能公平地分配资源，培养了他们的公平意识和分析能力。

另一个例子是："如果在操场上画一个正方形的跑道，每边需要多长的绳子？"这个问题引导学生从几何图形的角度思考，需要他们测量和计算正方形的周长，通过实际操作掌握数学公式的应用，同时也锻炼了他们的测量技能和空间感。进一步地，教师可以提出："在一个小组里，每个人都有不同数量的贝壳，如果他们想把所有的贝壳平均分给每个人，最后每个人分到多少贝壳？"这个问题既涉及除法运算，也要求学生理解和应用分数的概念，通过实际情境激发了学生对数学的兴趣和实际运用能力。

问题的设计不仅仅是为了考验学生的计算能力，更重要的是激发他们的探索欲望和思维方式。例如，教师可以问："如果一个游戏要求每队都有相同数量的球员，那么学校里有多少种不同的球队组合方式？"这个问题引导学生思考排列和组合的数学原理，同时培养了他们的逻辑思维和解决问题的能力。

2. 探索和研究

学生在探索和研究数学问题时，通过独立或协作的方式，积极参与信息收集、数据分析，并寻找可能的解决方案。这种学习方式不仅培养了他们的自主学习能力，还促进了团队合作和创新思维的发展。学生通常会面对一些开放性的问题，例如："在一片菜地中，如果每个蔬菜种植区域的长度和宽度都不同，如何确定每个区域的最佳种植方式以确保最大产量？"学生们可以根据问题的要求，独立收集有关蔬菜生长条件、种植技巧和土壤肥力的信息，并分析这些数据以制订最佳的种植方案。这种过程不仅让学生理解数学在实际生活中的应用，还锻炼了他们的信息搜索和数据处理能力。

此外，学生也可以选择以团队合作的方式进行探索和研究。例如，他们可以合作解决如何在有限的时间内设计并建造一个稳定的桥梁模型的问题。学生们需要分工合作，共同收集有关桥梁结构、材料强度和支持力学的信息，并分析这些数据以确定最佳的设计方案。通过这种团队合作的学习方式，学生不仅学会了有效沟通和协作，还锻炼了解决复杂问题的能力。探索和研究数学问题的过程中，学生们还能够发展批判性思维和创新能力。例如，当面对"如何设计一个能够最大限度减少家庭用水量的智能灌溉系统？"这样的问题时，他们需要分析水资源利用的现状和问题，独立或协作地提出创新的灌溉方案，并通过数学建模和仿真分析其效果。这种探索过程不仅鼓励学生提出新颖的解决方案，还培养了他们的创新意识和解决实际问题的能力。

3 讨论与总结

学生们在小学数学学习中，通过分享他们的发现和解决方案，并通过讨论和反思的过程，能够深化对问题背后原理和概念的理解。这种学习方式不仅有助于他们理解数学知识的实际应用，还能够培养他们的批判性思维和团队合作精神。例如，当学生们面对如何通过简单测量和计算来解决日常生活中的长度和面积问题时，他们可以分享各自的测量方法和计算策略。通过这些分享，他们可以比较不同方法的有效性和准确性，进而讨论哪种方法更适合解决特定类型的问题。

在解决"如何有效分组让每个小组有相同数量的学生？"这个问题时，学生们可以通过尝试不同的分组策略，并分享他们的实验结果和成功经验。这种讨论不仅让学生们理解到数学背后的组合原理，还促使他们思考如何优化分组方法以提高效率和公平性。另外，当学生们探讨如何通过数学模型来理解和解释自然现象，比如日暑如何预测时间时，他们可以分享他们的观察和推理过程。这种讨论不仅能够帮助他们深化对数学原理的理解，还能够启发他们探索更复杂问题的动机和能力。

通过这些讨论和反思的活动，学生们不仅能够提高他们的数学技能，还能够培养他们的逻辑思维和沟通能力。例如，当他们分享如何用几何图形解释日常生活中的空间布局问题时，他们不仅是在展示他们的数学应用能力，还在讨论数学在实际生活中的重要性和应用。

4. 应用与评估

学生在小学数学学习中，将学到的知识和技能应用到实际情境中，并接受评估以检验其理解和应用能力，是数学教育中的重要环节。通过应用和评估，学生不仅能够将抽象的数学概念与实际生活联系起来，还能够提高他们的问题解决能力和自信心。例如，在学习测量和单位转换的过程中，学生们可能会接受一个实际的任务：测量教室的长度和宽度，并计算所需的地板瓷砖数量。通过这样的任务，他们不仅学会了如何使用标尺和计算面积，还能够理解数学在空间规划和资源管理中的实际应用价值。

另一个例子是在学习分数和比例的概念后，学生们可以参与制作一份简单的食谱，并计算每个成分的比例以及适当的食材数量。这种实际任务不仅要求他们运用数学知识解决实际问题，还能够加深他们对分数和比例的理解，并培养他们的精确性和组织能力。在评估方面，教师可以通过小组项目、个人作业或口头报告来检验学生的理解和应用能力。例如，学生们可以参与一个小组项目，设计并建造一个简单的模型城市，教师可以要求他们考虑到比例、面积和几何形状等数学概念，并在最后的评估中展示他们的作品和解决方案。

此外，学生们还可以通过解决日常生活中的实际问题，如家庭预算或购物清单的编制，来应用他们学到的数学技能。这些任务不仅考验他们的计算能力，还能够锻炼他们的逻辑思维和决策能力，促进他们在实际情境中应用数学的信心和技能。

二、问题导向学习法在数学教学中的应用

(一) 培养问题解决能力

1. 例子选择

教师在小学数学教学中，可以选取丰富多样的实际问题，如测量、统计和几何等，来引导学生探索数学原理和方法。这些实际问题不仅能够增加学生对数学学习的兴趣，还能够帮助他们将抽象的数学概念与日常生活联系起来，提升他们的数学思维能力和解决问题的能力。举例来说，教师可以设计一个测量任务，要求学生们测量校园中各种物体的长度、宽度或高度，比如教室的桌子、操场的篮球架等。学生们不仅学会了如何正确使用尺子或测量工具进行准确测量，还能够理解测量单位和数值的意义，培养他们的精细动作和观察能力。

另一个例子是统计问题，教师可以要求学生收集并分析班级同学的身高数据，并用柱状图或饼图展示不同身高段的比例。通过这个任务，学生们不仅能够理解统计数据的收集和整理过程，还能够学习如何使用图表来有效地表达和比较数据，培养他们的信息处理能力和图表阅读能力。在几何方面，教师可以引导学生探索不同几何形状的特性和关系。例如，通过制作和分析简单的几何拼图，学生们可以发现不同形状的边长、角度和对称性质。这种活动不仅能够帮助学生理解几何形状的基本概念，还能够促进他们的空间想象力和手眼协调能力的发展。

2. 解决策略

通过引导学生分析问题、应用数学知识和技能来寻找解决方案，是培养学生问题解决能力的重要策略。这种方法不仅能够帮助学生在数学学习中建立自信，还能够促进他们的逻辑思维和创造力的发展。例如，当学生面对一个涉及分数的问题时，教师可以引导他们分析问题的要求，理解分数的概念，并运用分数的加减乘除法来求解。通过这样的过程，学生们不仅能够掌握分数运算的基本技能，还能够学会如何应用这些技能解决实际问题，培养

他们的逻辑推理能力。

另一个例子是在几何问题中，教师可以要求学生分析一个简单的空间布局问题，如如何合理放置几何图形来最大化利用空间。学生们不仅能够理解几何形状的特性和关系，还能够学习如何运用几何知识解决实际生活中的空间布局问题，培养他们的空间想象力和创造性思维。此外，在统计和数据分析问题中，教师可以引导学生分析和比较不同数据集之间的差异，并提出基于数据的合理推测和解决方案。通过这样的活动，学生们不仅能够学会如何收集和整理数据，还能够理解数据的可靠性和有效性，培养他们的数据分析能力和批判性思维。

3. 探索过程中的引导

教师在学生探索过程中提供必要的指导和支持，是帮助他们克服困难和挑战的关键。通过有效引导，教师能够促进学生的自主学习和问题解决能力的发展，同时确保他们在学习过程中不会迷失方向或感到沮丧。举例来说，当学生面对一个新的数学概念或挑战性问题时，教师可以首先通过提问引导他们思考和探索：例如"你们觉得这个问题涉及哪些数学知识？"或者"你们有什么想法可以帮助解决这个问题？"这类问题不仅能够激发学生的思考，还能够帮助他们建立起解决问题的自信心和方法。

另一个有效的引导方式是通过示范和演示来帮助学生理解和应用数学技能。例如，在学习几何图形的分类和特性时，教师可以通过展示不同几何图形的实际示例，并让学生观察和比较它们的特点。通过这种示范，学生们能够更清晰地理解几何图形的属性，从而更自信地应用这些概念解决类似的问题。此外，教师还可以通过提供适当的资源和工具来支持学生的学习。例如，在解决一个需要测量和计算的问题时，教师可以提供各种测量工具和计算方法的示范，帮助学生正确使用这些工具，并鼓励他们在实际操作中积累经验和技能。

在解决复杂问题或遇到困难时，教师的角色是尤为重要的，他可以通过给予鼓励和积极的反馈来增强学生的动力和信心，同时指导他们分析问题的根源并尝试不同的解决方案。这种支持不仅能够帮助学生克服困难，还能够培养他们的坚韧性和解决问题的能力。

(二) 促进批判性思维

1. 挑战性问题

把小学生引入具有挑战性的数学问题，鼓励他们通过多种数学方法来解决，是培养其批判性思维和创造性思维能力的重要途径。这种教学方法不仅能够激发学生对数学学习的兴趣，还能够帮助他们建立自信，探索不同的解决路径。在教学中，教师可以提出如下的挑战性问题：例如"如何通过不同的几何形状构建一个尽可能大的面积？"这个问题可以引导学生探索正方形、三角形、矩形等不同形状的组合方式，并思考每种形状对最终面积的影响。通过这样的探索，学生不仅能够理解各种几何形状的特性，还能够培养他们的空间想象力和组合能力。此外，统计和数据分析问题也是培养学生批判性思维的有效途径。例如"通过对班级同学的喜好进行调查，分析出最受欢迎的三种活动，并用图表展示调查结果"这种问题可以帮助学生学习如何设计调查问卷、收集数据并进行分析，从而提升他们的数据处理能力和批判性思维。

2. 讨论和比较

把学生引导到解决问题中进行讨论和比较不同解决方案，是加深他们对数学概念和原理理解的有效方式。通过这种互动过程，学生不仅能够掌握数学知识，还能够提升其逻辑思维和批判性思维能力。例如，在学习分数加减法时，教师可以要求学生用不同的方法解决一个问题，如"1/3+1/4=？"。学生可以选择通分、化简或者寻找最小公倍数等不同的方法来解决这个问题。通过讨论不同的解题方法，学生能够理解不同方法的优缺点，从而加深对分数加减法的理解和掌握。

教师可以引导学生比较不同的构图方法，如"通过什么方法可以画出一个等边三角形？"学生可以讨论使用直尺和量角器的方法，或者使用简单的几何法则来构建等边三角形。通过比较不同的构图方法，学生能够理解几何图形的特性和构造原理，进一步加深对几何学概念的理解。此外，在实际问题解决中，比较不同解决方案也能够帮助学生理解数学在实际生活中的应用，例如："在一个班级活动中，如何确定最公平的座位分配方式？"学生可以提出不同的分配方案，并比较每种方案的公平性和合理性。通过这样的讨论和比较，学生能够理解公平分配原则和数学模型在实际问题中的应用，从而加深对数学原理的理解。

(三) 实际应用与跨学科整合

把数学知识应用于其他学科领域中的实际问题，可以帮助小学生深入理解数学在现实生活中的应用价值和重要性。这种跨学科整合不仅能够增强学生对数学学习的兴趣，还能够培养他们的综合应用能力和解决问题的能力。例如，在物理学中，学生学习到关于速度和加速度的概念时，可以通过数学运算来计算物体的运动轨迹和速度变化。教师可以设计实验或模拟情境，让学生通过测量距离和时间，利用速度公式进行计算。通过这样的实践，学生不仅能够理解数学在物理学中的基本应用，还能够体验到数学在描述和预测现实世界中物体运动方面的重要性。

学生可以通过学习和应用数学概念，如百分比、利率计算和货币换算，来解决实际生活中的金融问题。例如"如果小明有100元，以5%的年利率存入银行，一年后会有多少钱？"这种问题不仅能够帮助学生理解利率计算的数学概念，还能够让他们了解到投资和储蓄决策对个人财务的影响。此外，数学在科技和工程领域中的应用也是值得探索的重要方向。例如，在计算机科学中，学生可以通过学习数学概念，如逻辑运算、算法和数据结构，来理解和编写程序。这种实际应用不仅能够增强学生的计算思维能力，还能够培养他们解决复杂问题和创新的能力。

(四) 评估和反思

1. 评估标准

为评估小学生在解决问题过程中展现的数学技能、逻辑推理能力以及解决复杂问题的能力，需要设计有效的评估标准和方式，以确保评估的客观性和全面性。这些评估不仅仅是对学生学习成果的反馈，还能够帮助教师了解学生的学习进展和可能需要改进的方面。评估可以通过日常课堂活动中的观察和记录来进行。教师可以注意学生在课堂上解决数学问题的过程和表现，包括他们选择的解决方法、运用数学知识的准确性以及解决问题时展示的逻辑推理过程。教师可以及时发现学生的学习困难并进行针对性帮助和指导。

书面作业和小组讨论可以作为评估学生数学技能的重要手段。例如，布置一些开放性的数学问题，要求学生书面回答并解释他们的解题思路。通过分析学生的书面作业，教师可以评估他们在数学知识运用、逻辑推理和解决复杂问题能力方面的表现，并根据评估结果调整教学策略。项目作业和实际情境中的任务可以提供更深入的评估机会。例如，设计一个数学实验或者任务，要求学生在实际情境中应用数学知识解决问题。通过这种形式的评估，教师不仅可以评估学生在特定数学概念和技能上的掌握程度，还能够评估他们解决实际问题的能力和创新性。例如，安排学生在小组内互相讨论和分享他们的解题思路和策略，并向全班展示他们的成果和发现。教师可以评估学生在团队合作、口头表达和数学推理能力方面的表现。

2. 反思和调整

学生和教师共同反思学习过程中遇到的问题和挑战，是优化教学质量和提升学习效果的关键环节。通过及时反思和调整，可以有效地解决学习中的困难，提高学生的学习动机和成绩。学生的反思可以通过课后作业或者学习日记来进行。例如，教师可以要求学生在每节课后总结当天学习到的知识和遇到的困难，并思考如何解决这些问题。这种形式的反思不仅能够帮助学生更深入地理解和巩固数学知识，还能够培养他们自主学习和解决问题的能力。

教师可以通过定期的课堂反馈和问卷调查来收集学生的反馈意见。例如，教师可以在课堂上开展匿名的问卷调查，询问学生对教学内容和方法的看法以及存在的困难和挑战。通过分析学生的反馈意见，教师可以及时调整教学策略和方法，更好地满足学生的学习需求。教师和学生可以定期进行个别或小组讨论，共同探讨学习过程中遇到的问题和挑战。例如，教师可以安排学生在小组内分享他们的学习体会和解题经验，并互相帮助解决存在的困难。通过这种形式的反思和讨论，学生不仅能够从彼此的经验中学习，还能够提高团队合作和沟通能力。

教师个人也需要进行反思和自我评估。例如，教师可以定期回顾自己的教学计划和课堂实施情况，分析学生的学习表现和反馈，思考哪些教学方法和策略是有效的，哪些需要进行调整和改进。通过个人的反思和调整，教师可以不断优化教学质量，提升学生的学习效果和成绩。

第二节　项目式学习法

一、项目式学习法概述

项目式学习法是一种以学生为中心的教学方法，强调通过实际项目的设计和完成来促进学习。它鼓励学生在跨学科的背景下，通过解决复杂问题来整合和应用知识，培养学生的解决问题能力、团队合作和创新思维。这种教学方法不仅注重学科知识的掌握，更重视学生在实际情境中的应用能力和成果导向的学习过程，从而提升学习的深度和广度，培养学生的自主学习能力和终身学习的态度。

二、项目式学习法在数学教学中的应用

(一) 项目设计与实施

1. 选题与设计

选择适合学生年级和能力水平的数学项目，是小学数学教学中的一项重要任务。合理的选题不仅可以激发学生的学习兴趣，还能有效提升他们的数学能力。以下将从多个角度论述如何在小学数学教学中选择和设计合适的数学项目。在选择数学项目时，需要充分了解学生的年级和能力水平。小学阶段的学生处于认知发展的不同阶段，其理解能力和抽象思维能力有较大差异。因此，教师应根据学生的具体情况，选择符合他们认知水平的项目。例如，低年级的学生通常对具体、形象的事物更感兴趣，教师可以选择与实际生活相关的数学项目，如数物体、简单的加减法问题等①。高年级的学生则具备了一定的抽象思维能力，可以逐步引入复杂的数学问题，如乘法、除法和简单的几何问题等。

选题应兼顾学生的兴趣和数学知识点的融合。一个有趣的数学项目能够极大地激发学生的学习动机，使他们在探索中主动思考和解决问题。教师可以结合学生的兴趣爱好和日常生活中的现象，设计出有趣的数学项目。例

---

① 严雪群．"双减"环境下的小学数学课堂有效性思考 [J]．学苑教育，2022, (11): 7-8, 11.

如，许多学生对游戏和体育活动非常感兴趣，教师可以设计一个与游戏或体育相关的数学项目，如通过测量和计算篮球的投篮命中率来学习分数和百分比等知识点。此外，数学项目的设计应注重挑战性与可操作性的平衡。过于简单的项目容易使学生失去兴趣，过于复杂的项目又可能让学生感到挫败。因此，项目的难度应适中，既能挑战学生的现有知识和能力，又不过分超出他们的认知水平。教师可以通过逐步增加项目的复杂性，逐层递进地引导学生在解决问题的过程中不断提高自己的数学能力。

数学作为一门实用性很强的学科，其知识往往与现实生活密切相关。教师可以选择一些贴近学生日常生活的数学项目，使学生在解决实际问题的过程中理解数学知识的价值。例如，可以设计一个"家庭预算"的数学项目，教学生如何制订家庭开支计划，从而学习和掌握加减法、乘除法以及简单的理财知识。在设计数学项目时，还需考虑学生的多样化需求。每个学生都有其独特的学习方式和节奏，教师应设计多样化的数学项目，以满足不同学生的需求。例如，可以设计一些动手操作的数学项目，如使用积木搭建几何图形，帮助那些动手能力强的学生更好地理解数学概念。同时，针对那些喜欢动脑思考的学生，可以设计一些逻辑推理题或数学谜题，以培养他们的逻辑思维能力。

教师在设计和选择数学项目时，应注意与其他学科的结合。跨学科的项目不仅能够丰富数学教学内容，还能帮助学生在不同学科的知识间建立联系。例如，教师可以设计一个结合科学的数学项目，如通过测量和计算植物的生长速度，帮助学生理解单位转换和数据分析等数学概念。

2. 实施过程

在小学数学项目的实施过程中，需要详细设计并合理安排每一个步骤，以确保项目能够顺利进行并达到预期的教学效果。下文将详细描述数学项目的实施步骤，包括学生分工合作、资源获取以及时间管理等方面的内容。在这个阶段，教师需要向学生介绍项目的总体目标和具体任务，让学生明确项目的意义和预期成果。可以通过一个简短的引导性活动或讨论，激发学生的兴趣和参与热情。例如，教师可以用一个生活中的数学问题作为引子，引导学生思考并提出问题，进而自然地过渡到项目的具体任务。

根据学生的兴趣和特长，教师可以将学生分成若干小组，每组承担不同的任务。每个小组内的学生可以进一步分工，如有人负责数据收集，有人负责计算和分析，有人负责记录和整理等。这样不仅能充分发挥每个学生的特长，还能培养他们的团队合作精神和协作能力。教师应提前准备好所需的教学资源，如计算工具、参考资料、实验器材等。同时，教师还可以指导学生通过图书馆、互联网等途径，自主寻找相关的资源和信息。学生不仅能够学习到如何有效地获取和利用资源，还能培养自主学习的能力和信息素养。

教师需要根据项目的复杂程度和教学进度，制订详细的时间计划，明确每个阶段的任务和完成时间。可以将整个项目划分为若干个小阶段，每个阶段有具体的任务和目标。例如，第一阶段是数据收集和整理，第二阶段是数据分析和计算，第三阶段是结果展示和总结。每个阶段结束后，教师可以组织学生进行小组汇报和交流，检查任务完成情况，并及时调整和优化后续步骤。教师应密切关注每个小组的进展情况，及时解答学生在项目中遇到的问题，提供必要的支持和帮助。例如，当学生在数据分析中遇到困难时，教师可以给予指导，帮助他们找到解决问题的方法。同时，教师还应鼓励学生在项目过程中积极思考和创新，提出自己的见解和改进建议。

在项目的总结和评价阶段，教师可以组织学生进行项目成果展示和分享。每个小组可以通过海报展示、口头汇报、PPT演示等方式，展示他们的项目成果和收获。学生不仅可以锻炼他们的表达能力和展示技巧，还能在互相学习和交流中获得更多的启发和收获。教师可以对每个小组的表现进行评价和反馈，肯定他们的努力和成绩，同时指出需要改进的地方，帮助学生不断提升自己。此外，项目结束后，教师还可以引导学生进行反思和总结。让学生回顾整个项目的实施过程，总结自己在项目中的收获和不足，思考如何在以后的学习中进一步改进和提升。教师可以通过问卷调查、讨论交流等方式，收集学生的反馈意见，总结项目实施的经验和教训，为今后的项目教学提供参考和借鉴。一个成功的数学项目不仅是一个独立的教学活动，它还可以作为后续教学的基础和延伸。例如，教师可以在后续的教学中，引导学生将项目中的方法和经验应用到其他数学问题的解决中，进一步巩固和深化他们的数学知识和技能。

(二) 学习成果评估

1. 综合评估方式

一个全面、科学的评估体系, 不仅能够准确反映学生的知识掌握情况, 还能促进他们在团队合作、项目展示等方面的综合素质发展。以下将详细阐述如何通过个人成绩评定、团队合作评估以及项目展示评价等方式, 对项目学习成果进行全面评估。虽然强调团队合作, 但每个学生在团队中的贡献和表现各有不同。因此, 教师需要对每个学生的个人成绩进行单独评定。评定内容可以包括学生在项目中的积极性、任务完成质量、解决问题的能力以及对项目的理解和掌握程度。教师可以通过观察、提问、书面作业等多种形式, 综合评价学生在项目学习过程中的表现。例如, 教师可以设置一个个人反思报告, 让学生总结自己在项目中的学习经历和收获, 从中了解他们对项目的深刻理解和个人成长。

项目学习强调的是团队协作和共同完成任务, 因此, 团队合作能力的评估必不可少。教师可以通过多种方式对团队合作进行评价, 如观察小组成员之间的互动、倾听他们的讨论、分析他们的合作成果等。在团队合作评估中, 可以重点关注以下几个方面: 小组成员之间的沟通和协调能力、任务分配的合理性、合作过程中的问题解决能力以及团队整体的凝聚力和协作效果。此外, 教师还可以设置团队自评和互评环节, 让学生自己评价和反思团队合作的过程和效果, 从中发现和改进不足之处。在项目结束时, 教师可以组织一个项目展示活动, 让学生通过多种形式展示他们的项目成果。展示形式可以多样化, 如海报展示、PPT 演示、实际操作演示等。通过项目展示, 项目展示评价可以从内容、形式、表达效果等多个方面进行综合评价。例如, 教师可以设置一些评价指标, 如项目内容的完整性和准确性、展示形式的创新性和美观性、学生的表达能力和现场反应等, 逐项打分, 综合评定展示效果。

此外, 教师在进行综合评估时, 还应注重过程性评价和终结性评价的结合。过程性评价关注学生在项目学习过程中的表现和进步, 终结性评价则关注项目成果的最终呈现。通过过程性评价, 教师可以及时发现和解决学生在项目学习中的问题, 给予他们必要的指导和帮助; 通过终结性评价, 教师可以全面总结和反思项目的实施效果和学生的学习成果，为后续教学提供参考和改进意见。在评估过程中，教师还可以引入多元评价主体，充分发挥学生、教师、家长等多方面的力量。学生的自评和互评，可以让他们在评价中反思和提升；教师的评估，可以提供专业的指导和建议；家长的评价，可以从家庭教育的角度，提供更全面的反馈和支持。通过多元评价主体的参与，可以使评估结果更加客观、全面和公正。

教师应将评估结果及时反馈给学生，让他们了解自己的优点和不足。对于表现突出的学生，教师应给予表扬和鼓励，增强他们的自信心和学习兴趣；对于存在不足的学生，教师应给予具体的指导和帮助，帮助他们克服困难、提高水平。此外，评估结果还可以作为教学改进的重要依据，教师可以根据评估中发现的问题和不足，调整和优化教学方法和策略，不断提升项目学习的效果和质量。

2. 反思与改进

在小学数学项目的学习过程中，及时反思项目中遇到的问题和挑战，并提出改进建议，是促进学习效果持续提升的重要环节。学生在反思过程中，能够深刻认识到自身的不足，进而在以后的学习中不断改进和提升。以下将详细论述学生反思与改进的重要性及其具体实施方式。在项目进行过程中，学生难免遇到各种各样的问题和挑战，如对某些数学概念的理解不够透彻、团队合作中出现沟通不畅等。通过反思，学生可以回顾整个项目的实施过程，找出问题的根源。教师可以引导学生进行自我反思，如通过撰写反思日记或进行自我评价等方式，帮助他们深刻认识到自身在项目中的优点和不足。

仅仅认识到问题是不够的，关键在于找到解决问题的方法并付诸实践。学生可以根据自己的反思，提出具体的改进建议，如加强对某些数学知识的复习与巩固、改善团队合作的方式等。教师可以组织学生进行小组讨论或班级交流，让他们分享各自的反思和改进建议，互相借鉴，集思广益。学生不仅能够获得新的启示和思路，还能培养他们解决问题的能力和创新思维。学生在提出改进建议后，应积极实践并验证这些建议的有效性。例如，如果学生在反思中发现自己对某个数学概念掌握不够，可以制订一个具体的学习计划，通过查阅资料、做习题等方式加强学习；如果发现团队合作中存在沟通问题，可以在后续的合作中更加注重沟通与协调，改进合作方式。通过不断实践和调整，学生能够逐步克服项目中遇到的问题，提升自己的学习效果和综合能力。

教师应及时关注和反馈学生的反思和改进建议，给予他们具体的指导和帮助。例如，对于学生在反思中提出的学习困难，教师可以提供额外的学习资源或个别辅导；对于团队合作中的问题，教师可以组织团队建设活动，增强学生的合作意识和能力。通过教师的积极引导和支持，学生能够更加有效地进行反思和改进，持续提升学习效果。在每一个数学项目结束后，学生都应进行全面的反思和总结，提出改进建议，并在后续的学习中不断实践和优化。教师可以将反思与改进作为一种常规的教学活动，定期组织学生进行反思和讨论，形成良好的学习习惯和学习氛围。学生能够在不断反思和改进中，逐步提高自己的数学素养和综合能力，实现学习效果的持续提升。

（三）教师角色与支持

1. 指导与辅导

在小学数学项目学习中，教师扮演着指导者的角色，提供必要的学术支持和指导，至关重要。这种指导不仅包括知识传授，还涵盖了学习方法、思维方式以及情感支持等多个方面。以下将详细论述教师在项目学习中如何有效地进行指导与辅导，确保学生能够充分发挥其潜力，取得优异的学习成果。清晰的任务指引和目标设定可以帮助学生了解项目的整体框架和具体要求，确保他们在学习过程中有明确的方向和奋斗目标。教师应详细讲解项目的背景、任务分配、预期成果等内容，并通过例子或演示，使学生对项目有一个全面而清晰的认识。这一步骤有助于学生在项目开始阶段就建立起对项目的整体把握，避免在后续实施过程中出现迷茫和困惑。

教师应关注学生在项目过程中遇到的学术问题，提供及时的学术支持和帮助。小学阶段的学生在面对复杂的数学问题时，往往会遇到理解和操作上的困难。教师需要通过观察和交流，了解学生在项目中遇到的具体问题，并给予个别化的辅导。例如，当学生在理解某个数学概念时遇到困难，教师可以通过多角度解释和实际应用示范，帮助学生建立起对概念的深刻理解。此外，教师还可以通过提供补充资料、布置额外练习等方式，帮助学生巩固和深化所学。此外，教师在项目学习中还应注重培养学生的自主学习能力和团队合作精神。教师不仅是知识的传授者，更是学生学习方法和思维方式的引导者。教师可以通过提问、讨论、引导学生思考等方式，启发学生主动思考和解决问题，培养他们的独立思考能力和创新思维。同时，教师还应指导学生如何在团队中有效合作，如如何进行任务分配、如何进行有效沟通和协调等，帮助学生在团队合作中学会互助和合作，共同完成项目任务。

在项目学习过程中，学生难免会遇到挫折和挑战，教师应及时给予情感上的支持和鼓励，帮助学生克服困难、增强信心。教师可以通过表扬、奖励、鼓励等多种方式，激发学生的学习兴趣和积极性。例如，当学生在项目中取得进步或解决了一个难题时，教师可以及时给予肯定和鼓励，增强学生的成就感和自信心。同时，教师还应关注学生的心理状态，帮助他们调整心态、保持积极的学习态度。教师应组织学生进行总结和反思，回顾整个项目的实施过程，总结成功经验和不足之处。通过总结和反思，学生可以深刻认识到自己的优点和不足。教师应给予具体的反馈意见，指出学生在项目中表现出的优点和需要改进的地方，并提出具体的改进建议和措施，帮助学生在后续的学习中不断进步和提升。

2. 资源和技术支持

教师利用现代技术和丰富的资源来支持项目的顺利进行，是提升教学效果的重要手段。这些资源和技术不仅可以激发学生的学习兴趣，还能为学生提供多样化的学习方式和更广阔的知识获取途径。以下将详细论述教师如何有效利用现代技术和资源，确保项目的成功实施。互联网提供了丰富的教学资源，如教育网站、在线课程、数学游戏和互动练习等。教师可以根据项目的需要，选择适合学生水平和兴趣的在线资源，为学生提供多样化的学习材料。例如，教师可以推荐学生访问一些优质的数学教育网站，观看相关视频教程，进行在线练习和测试。

通过使用计算机、投影仪、电子白板等多媒体设备，教师可以将抽象的数学概念形象化，使学生更直观地理解。例如，在讲解几何图形时，教师可以通过电子白板动态展示各种几何图形的变化过程，帮助学生更好地理解几何性质和定理。同时，多媒体技术还可以用于展示学生的项目成果，通过制作 PPT、视频等方式，增强学生的展示效果和表达能力。虽然数学教学通常不需要实验室，但一些特殊的数学项目可以通过实验室设施得到更好的支持。例如，一些涉及数据收集和分析的项目，教师可以带领学生到计算机实验室，利用专业的软件和工具进行数据处理和分析。这样不仅可以提高学生的实际操作能力，还能让他们体验到数学在实际问题解决中的应用。

教师还可以通过使用教育软件和应用程序，提供个性化的学习支持。目前市面上有许多专门针对小学数学教育的软件和应用程序，这些工具可以根据学生的学习情况。例如，一些自适应学习软件可以自动调整练习的难度，帮助学生在适合自己的节奏下进行学习。教师可以根据学生的具体情况，推荐适合的教育软件，帮助他们在课外时间进行自主学习和巩固所学知识。教师应充分利用学校的图书馆和其他教育资源。图书馆中丰富的数学书籍和资料，可以为学生提供更多的学习资源和参考材料。教师可以引导学生利用图书馆资源，查阅和借阅相关书籍，进行深入学习和研究。同时，教师还可以邀请学校的其他学科教师或外部专家，参与到项目中来，为学生提供更多的知识和视角，开阔他们的学习视野。家庭和社区中也蕴藏着丰富的学习资源，如家长的专业知识、社区的科普活动等。教师可以设计一些与家庭和社区相关的项目任务，鼓励学生在家长的指导下，利用社区资源进行探究和学习，培养他们的自主学习能力和社会实践能力。

第三节　合作学习法

一、合作学习法概述

合作学习法是一种以学生为中心的教学方法，通过小组合作和团队互动促进学习。学生在合作中分工明确，共同完成学习任务，实现知识共享和互助。在这种环境下，学生不仅提升了个人学术能力，还发展了沟通、协作和解决问题的能力。合作学习法通过集体讨论、角色扮演和项目合作等形式，使学生在积极互动中深入理解知识，并培养团队精神和社会责任感。

二、合作学习法在数学教学中的应用

(一) 分组讨论与合作解题

1. 实施方式

实施合作学习法的一种有效方式是将学生分成若干小组，每组4~6人，给出需要讨论和解决的数学问题。通过这种方法，学生不仅能够在合作中学习，还能培养团队合作精神和解决问题的能力。教师需要根据学生的兴趣和能力进行合理分组。合理的分组不仅能够确保小组内成员的互补性，还能激发学生的学习积极性。在分组过程中，教师应注意避免过于同质化的分组，使每个小组都能有不同层次的学生，促进互帮互助。教师需要设计适合小组讨论和解决的问题。这些问题应当具有一定的挑战性和趣味性，能够引发学生的讨论和思考。例如，可以设计一些与实际生活相关的数学问题，如购物预算、时间计算等，让学生在解决实际问题的过程中应用数学知识[①]。教师还可以设置一些开放性的问题，鼓励学生提出不同的解决方案，培养他们的创新思维。

在小组讨论过程中，教师应鼓励学生积极参与，充分表达自己的观点。每个小组成员可以轮流担任不同的角色，如记录员、发言人、计算员等，确保每个学生都有参与的机会和责任。教师在这个过程中应起到引导和支持的作用，及时回答学生的问题，帮助他们厘清思路。此外，教师应鼓励小组成员之间进行有效沟通和交流。教师可以设置一些互动活动，如小组竞赛、模拟实践等，增强学生的合作意识和竞争意识。

在小组讨论结束后，教师可以组织各小组进行成果展示和分享。每个小组可以通过海报展示、口头汇报、PPT演示等多种形式，展示他们的解决方案和思考过程。在展示和分享的过程中，学生不仅能够锻炼表达能力和展示技巧，还能在互相学习中获得新的启示和思路。教师应对每个小组的表现进行评价和反馈，指出需要改进的地方。教师应引导学生进行反思和总结。通过反思和总结，学生能够认识到自己的优点和不足。教师可以设置一些反

---

① 张登芳.浅谈小学数学创新思维能力的培养[J].学周刊，2022，8（8）：109-110.

思题目，如"在小组合作中我学到了什么？""在解决问题的过程中遇到了哪些困难？是如何解决的？"等，帮助学生深入思考和总结。

2. 目标

通过集体讨论和相互交流，目标是促进学生对数学概念的深刻理解和灵活应用。这一过程不仅让学生在互动中加深对知识的掌握，还能培养他们的合作意识和沟通能力。集体讨论能够帮助学生在多角度的思维碰撞中，深化对数学概念的理解。每个学生在讨论中表达自己的观点和解题思路，通过与同伴的交流，能够发现自己思维中的不足之处，同时吸收他人的优点，从而在不断思维互动中，逐步完善和深化对数学问题的理解。在讨论中，学生可以提出问题、质疑和建议，互相启发和补充。例如，在讨论如何解决一个复杂的数学问题时，学生可以提出不同的解题方法和思路。这种互动不仅能够提升学生的思维能力，还能激发他们的创造力和创新思维，使他们在学习中不断进步。

在数学讨论中，学生需要清晰地表达自己的观点和思路，这一过程不仅锻炼了他们的语言表达能力，还培养了他们的逻辑思维能力。通过不断练习和实践，学生能够在表达中逐渐形成清晰、严谨的逻辑思维方式，提高他们解决数学问题的能力。同时，集体讨论和相互交流有助于培养学生的合作精神和团队意识。通过这种合作，学生能够学会如何与他人合作、沟通和协调，培养他们的团队合作精神和集体意识。这种合作不仅有助于完成数学任务，还为他们未来的学习和工作的进行打下良好的基础。

在互动中，学生能够体验到合作的乐趣和成功的喜悦，从而增强他们的学习兴趣和积极性。学生能够在轻松愉快的氛围中学习数学，提升他们的学习效果和成就感。例如，在讨论如何解决一个有趣的数学问题时，学生可以通过游戏、竞赛等形式，增加学习的趣味性和挑战性，使他们在快乐中学习和进步。教师在这个过程中起到了重要的引导和支持作用。通过设计有趣的数学问题、组织有效讨论活动，教师能够引导学生在互动中学习和成长。同时，教师应及时给予反馈和指导，帮助学生解决学习中的困难，提升他们的学习效果。例如，教师可以通过提问、引导和鼓励，帮助学生在讨论中不断进步和提升。

3.效果

合作学习法的效果显著，特别是学生在合作过程中能够互相启发，补充彼此的思维盲点，从而提高解题效率和准确性。学生不仅在知识掌握方面受益，还在思维能力和社交技能上得到全面发展。合作学习环境为学生提供了一个互相启发的平台。学生们可以分享各自的解题思路和方法，通过集思广益，往往能找到更高效和准确的解题方案。这种互动能够促使学生从不同角度思考问题，弥补单独学习时容易出现的思维盲点。学生在小组中进行合作时，可以将复杂的数学问题分解成多个子问题，每个成员分别负责解决其中的一部分，这样不仅可以加快解题的速度，还可以让每个学生在自己擅长的领域内发挥最大作用。通过这种协作，学生们能够在较短的时间内解决复杂的问题，提升整体的学习效率。

学生在小组讨论中，可以互相检查和验证各自的解题过程，发现并纠正错误。通过这种相互监督和反馈，学生能够更准确地理解和掌握数学知识，避免在独立学习时容易出现的误解和错误。教师在这个过程中起到了重要的引导和监督作用，确保学生的讨论和解题过程保持在正确的轨道上。通过合作，学生能够体验到团队成功的喜悦和个人贡献的成就感，这种积极的情感体验能够激发他们的学习兴趣和动力。学生在合作过程中，能够看到自己的进步和成长，增强了自信心，进而更加积极地投入学习。例如，当一个学生成功解决了一个难题并得到了小组成员的认可和赞赏时，他会感到自豪和满足，这种成就感将促使他在未来的学习中更加努力。

在合作过程中，学生需要进行有效的沟通和协调，学会倾听他人的意见，并在必要时进行妥协和合作。这些技能不仅在数学学习中有重要作用，对于学生未来的学习和生活也具有深远的影响。学生能够建立良好的人际关系，增强团队合作意识，为他们的全面发展奠定基础。教师需要设计合理的学习任务，组织和引导学生的讨论，并在必要时提供帮助和反馈。通过教师的有效引导，学生能够更加有序和高效地进行合作学习，最大限度地发挥合作学习的优势。例如，教师可以通过提问和引导，帮助学生深入思考和讨论，激发他们的创新思维和解题热情。

(二) 角色分配与任务分工

1. 实施方式

实施合作学习法的一种有效方式是每个小组内部进行角色分配，每人承担特定任务。学生不仅能够在小组合作中明确自己的职责，还能培养他们的责任感和团队合作精神。每个学生都有自己的任务，如记录员负责记录讨论内容和决策过程，发言人负责在全班展示和报告小组的成果，计算员则负责进行数学计算和数据处理。这样一来，学生在合作中能够有明确的工作目标和任务，避免了任务分配不均和职责不清的情况。教师在进行角色分配时，可以根据学生的兴趣和能力安排相应的角色。例如，语言表达能力强的学生可以担任发言人，逻辑思维能力强的学生可以担任计算员，善于整理和记录的学生可以担任记录员。每个学生都能够在自己的岗位上发挥特长，为小组的成功做出贡献。同时，这也有助于增强学生的自信心和成就感。

学生在完成自己任务的同时，还需要与其他角色进行沟通和合作。例如，计算员需要将计算结果及时告知记录员和发言人，记录员需要整理好资料供发言人使用。通过这种相互依赖和合作，学生能够学会如何与他人合作。每个学生都有自己明确的任务和职责，需要对自己的工作负责。如果一个学生没有完成自己的任务，整个小组的工作都会受到影响。因此，角色分配能够增强学生的责任感，使他们更加认真地对待自己的学习任务。同时，通过与小组成员的合作，学生能够体验到团队合作的乐趣，增强他们的团队精神和集体荣誉感。

教师需要根据学生的特点和小组的实际情况进行合理的角色分配，并在学习过程中进行适时的监督和指导。通过观察和评估，教师可以了解每个学生在角色中的表现，及时提供反馈和建议，帮助学生不断改进和提高。例如，当发现某个角色的任务过于繁重或过于简单时，教师可以进行适当的调整，使任务分配更加合理和平衡。此外，角色分配还可以随着学习任务的变化进行轮换。通过角色轮换，学生可以在不同的岗位上锻炼和发展多方面的能力，避免固定角色带来的单一发展。例如，在一个项目中，学生可以担任记录员，在下一个项目中担任计算员或发言人。学生能够全面发展，提高他们的综合素质和能力。

2. 目标

实施合作学习法的一个重要目标是培养学生的责任感和团队合作精神，同时确保每个成员都能积极参与学习。这一教学目标不仅有助于学生学业上的进步，还对他们的个人成长和社会技能发展有着深远的影响。这种角色分配让每个学生都明白自己的职责，激发他们认真完成任务的责任感。例如，当一个学生担任记录员时，他必须仔细记录讨论内容，确保信息的准确和完整。这种责任感促使学生在完成任务时更加投入和专注，进而提高了学习效率。小组合作要求学生共同努力，分享各自的观点和知识，解决复杂的数学问题。学生能够学会如何与他人协调和配合。例如，在解决一个数学难题时，计算员需要与记录员和发言人密切配合，确保所有步骤和结果都正确无误。这种合作不仅提高了解题效率，还增强了学生之间的信任和默契，使他们在团队中感受到归属感和成就感。

教师需要设计合理的学习任务和活动，使每个学生都能有机会参与和贡献。例如，教师可以设置轮流发言制度，让每个学生都有机会表达自己的观点和意见。这种方式避免了部分学生在合作中处于被动或旁观的状态，确保了全员参与。同时，教师还应关注那些学习能力较弱或性格内向的学生，给予他们更多的支持和鼓励，使他们在小组中也能积极参与和发挥作用。教师需要在小组合作的每个环节中进行适时观察和指导，确保合作的有效性和公平性。例如，当发现某个学生在合作中没有积极参与时，教师应及时介入，了解原因并给予相应的帮助和鼓励。同时，教师还应定期组织小组汇报和评价，通过反馈和讨论，帮助学生认识到自己的优点和不足，不断改进和提升。

学生不仅能够提高数学知识和技能，还能在责任感和团队合作精神方面得到全面发展。学生学会了如何在团队中承担责任，如何有效沟通和协作，如何在完成共同目标时发挥自己的作用。这些能力对于他们未来的学习和生活都有着重要的意义。例如，当学生进入更高年级或步入社会时，他们将更加自信和从容地面对各种挑战，能够更好地适应团队工作和复杂环境。

3. 效果

通过明确的分工，使学生各司其职，能够充分发挥个人特长，从而有效提高小组合作的整体效率。这种方法不仅增强了学生的学习积极性，还提升了他们在数学问题解决中的实际能力。明确分工使学生在合作中有了具体的责任和目标，每个学生知道自己需要完成的任务，并为此负责。例如，担任计算员的学生主要负责数学运算和数据处理，而记录员则负责记录讨论过程和整理信息。这样的分工让每个学生都能集中精力完成自己的部分，避免了任务重叠和分工不明的情况，从而提高了学习效率。每个学生在数学学习中都有自己的强项和兴趣，明确的角色分配使他们能够在擅长的领域内贡献力量。

每个学生在完成自己任务的同时，需要与其他成员进行密切合作和协调。例如，计算员在完成运算后，需要将结果及时告知记录员和发言人，记录员则需要整理好资料供发言人使用。学生学会了如何在团队中有效沟通和协作，增强了团队的凝聚力和合作精神。教师在此过程中起到了引导和监督的作用，确保每个学生都能够积极参与和贡献力量。同时，明确的分工还能够培养学生的责任感和组织能力。每个学生在小组中都有自己明确的任务和职责，这种责任感促使他们更加认真地对待自己的学习任务。例如，担任记录员的学生需要认真记录小组讨论的每一个细节；担任发言人的学生需要在展示时清晰、有条理地表达小组的观点和成果。这种责任感和组织能力的培养，对于学生未来的学习和生活都有着重要的意义。

(三) 项目式学习

1.实施方式

教师可以设计一个涉及多个数学知识点的综合项目，让学生以小组为单位进行探究和完成。这种实施方式能够有效地整合各类数学知识，提升学生的综合应用能力和合作精神。教师需要精心设计一个综合项目，确保项目内容涵盖多个数学知识点，并与学生的日常生活密切相关。这样的设计不仅能够增强学生对数学的兴趣，还能使他们在实际应用中理解和掌握数学知识。例如，教师可以设计一个"班级经济模拟"项目，涉及加减乘除、分数、小数、百分比等多个数学概念，让学生在模拟经营班级小卖部的过程中，运用所学的数学知识进行计算和管理。教师应将学生分成若干小组，每组4~6人，确保每个小组成员都有机会参与和贡献。分组时，教师应考虑学生的个性和能力，尽量使每个小组内部成员的能力互补，形成有效的合作团队。分组完成后，教师需要明确项目的目标和要求，详细讲解项目的各个环节和任务，确保学生了解项目的整体框架和具体步骤。

在项目实施过程中，教师应引导学生进行探究和合作。每个小组需要根据项目要求进行任务分配，如数据收集、计算分析、记录整理和结果展示等。学生能够各司其职，充分发挥个人特长，提高小组合作的整体效率。例如，擅长计算的学生负责数据处理，擅长表达的学生负责结果展示，擅长整理的学生负责记录和整理资料。这样的分工合作不仅能够提高项目完成的效率，还能培养学生的责任感和团队合作精神。此外，教师应在项目实施过程中提供必要的支持和指导。通过观察和交流，教师可以及时了解各小组的进展情况，帮助学生解决遇到的问题。同时，教师还应鼓励学生在项目实施过程中积极思考和创新，提出自己的见解和建议，提升他们的创新思维和解决问题的能力。项目接近尾声时，教师应组织各小组进行成果展示和分享。每个小组可以通过 PPT 演示、海报展示、口头汇报等多种形式，展示他们的项目成果和心得体会。

2. 目标

通过项目学习，教师将数学知识与实际应用相结合，提升学生的综合运用能力和创新思维，是一项重要的教育目标。这种教学方式不仅能使学生在真实情景中理解和掌握数学知识，还能培养他们解决实际问题的能力和创新意识。学生能够在实际应用中巩固和深化数学知识。传统的数学教学往往侧重于知识的讲授和练习，学生虽然掌握了公式和解题方法，但在面对实际问题时常常感到茫然，而项目学习通过设计与生活相关的情境，让学生在解决实际问题的过程中，灵活运用所学的数学知识。例如，设计一个"校园种植计划"项目，让学生测量校园空地面积，计算需要的种子数量和成本，从而在实践中理解和应用面积计算和预算管理等知识。

学生需要整合不同的数学知识点，进行综合分析和解决问题。这不仅包括基本的计算能力，还涉及逻辑推理、数据分析和结果展示等多方面的能力。通过这种综合性的学习任务，学生能够全面提升自己的数学素养。例如，在一个"家庭预算"项目中，学生需要收集家庭收入和支出数据，进行分类统计和分析，最后得出合理的预算方案。在这一过程中，学生不仅应用了加减乘除等基本运算，还学会了数据整理和分析的方法。此外，项目学习还注重培养学生的创新思维。教师应鼓励学生大胆创新，提出独特的见解和思路。例如，在设计"环保节能方案"项目时，学生可以通过调查研究，提出减少能源消耗的创意方案，如利用太阳能、雨水回收等。学生在学习数学知识的同时，培养了创新思维和创造力。

通过参与实际项目，学生能够看到数学知识在现实生活中的应用价值，从而产生学习的动力和兴趣。相比于单纯的课堂讲授，项目学习让学生在实践中体验到数学的魅力和乐趣。例如，在一个"社区建设"项目中，学生可以亲自参与社区规划和设计，计算建筑面积、设计绿化布局等，亲身感受到数学知识的实际应用。同时，项目学习强调合作与交流，培养学生的团队合作精神和沟通能力。例如，在"市场调查"项目中，学生可以分组进行市场调查、数据分析和报告撰写，每个小组成员都有明确的任务和责任，通过合作完成整个项目。

教师在项目学习中的引导和支持至关重要。教师需要设计合理的项目任务，提供必要的资源和指导，帮助学生顺利完成项目。同时，教师还应及时给予反馈和评价，肯定学生的努力和成绩，帮助学生不断提升和完善自己。

3. 效果

项目学习的效果显著，学生在完成项目的过程中，能够深刻体验到数学知识的实际应用价值，从而增强学习的动力和兴趣。这种教学方式不仅让学生感受到数学的实用性，还提升了他们的学习积极性和自信心。项目学习使学生将数学知识应用于现实生活中，感受到其实际价值。在设计和完成项目时，学生需要运用所学的数学概念和方法解决实际问题。例如，在一个"家庭购物预算"项目中，学生需要计算各种商品的价格总和，合理分配预算，并进行货比三家。通过这种实际操作，学生能够理解加法、减法以及基本的货币运算，并认识到数学在日常生活中的重要性。这种实际应用的体验，能够激发学生对数学的兴趣，使他们认识到数学不仅仅是课堂上的学科，更是生活中不可或缺的工具。

学生面对的是具体的问题和任务，而不是抽象的数学题目。这种具体性和实用性，使学生在解决问题的过程中，能够获得成就感和满足感。例如，在一个"校园绿化设计"项目中，学生需要测量校园空地的面积，计算需要的树苗数量和种植成本，并设计合理的绿化方案。通过这种实践活动，学生能够看到自己的努力成果，并在项目完成后，享受到成功的喜悦。这种成就感能够极大地激发学生的学习动力，使他们更加积极地参与到数学学习中。另外，项目学习让学生在合作和交流中体验到数学学习的乐趣。项目通常需要学生分组进行，每个小组成员都有不同的分工和任务。学生能够互相交流和分享自己的想法和见解，互相学习和借鉴。例如，在一个"社区服务项目"中，学生需要共同讨论和设计服务方案，计算所需的材料和费用，并进行实际操作。在这种互动和合作中，学生不仅学到了数学知识，还培养了团队合作精神和沟通能力。这种互动性和合作性，使数学学习变得更加有趣和有意义，增强了学生的学习兴趣。

在项目完成后，学生通常需要进行展示和分享，向全班同学和教师汇报自己的项目成果。这种展示活动，不仅锻炼了学生的表达能力和展示技巧，还让他们在展示和分享中获得认可和赞赏。例如，在"市场调查项目"中，学生可以通过 PPT 演示、海报展示等方式，展示自己的调查结果和分析结论。通过这种展示活动，学生能够感受到自己的努力和成果得到了认可，增强了自信心和自豪感。

(四) 集体探究与创新

1. 实施方式

采用小组共同探究某个数学难题或课题的方式，能够有效鼓励学生的创新思维和多样化解题方法。这种教学方式不仅能够激发学生的学习兴趣，还能提升他们的综合能力和合作精神。教师需要选择一个具有挑战性的数学难题或课题，作为小组探究的对象。这一难题应当涵盖多种数学知识点，具有一定的复杂性和开放性，能够激发学生的思考和讨论。例如，可以选择一个"班级座位安排优化"课题，让学生通过分析和计算，找到最合理的座位安排方案。这一课题不仅涉及排列组合等数学知识，还需要学生考虑实际情况，提出合理的解决方案。分组后，教师需要详细讲解课题的背景和要求，让学生了解探究的目标和任务。同时，教师还应强调探究过程中的合作与交流，鼓励学生积极参与，发表自己的观点和见解。小组成员应进行明确的分工，每个人都承担特定的任务。例如，某些学生负责数据收集和整理，另一些学生负责计算和分析，还有一些学生负责记录和汇报。小组探究的关键在于鼓励创新思维和多样化解题方法。教师应引导学生从不同角度思考问题，提出各种可能的解决方案。例如，在"班级座位安排优化"课题中，学生可以考虑不同的排列组合方式，通过模拟和计算，找到最优的方案。教师应鼓励学生大胆假设，进行多种尝试，不怕失败，培养他们的创新精神和探索欲望。教师可以通过观察和提问，了解各小组的进展情况，及时提供帮助和指导。

2. 目标

培养学生的探究精神和创新能力是项目学习的重要目标。这种教学方法不仅促进学生对数学知识的深刻理解，还鼓励他们提出不同的解题思路和解决方案，培养他们的创造力和思维灵活性。学生面对的是开放性和复杂性的问题，需要主动思考、质疑和探索。教师应设计具有挑战性的问题，引导学生通过观察、实验和讨论，逐步找到解决问题的方法。例如，在一个"校园节水计划"项目中，学生需要调查校园的用水情况，分析节水的可行性措施，并提出具体的节水方案。

学生被鼓励用多种思维方式和解题方法解决问题。教师应营造一个宽松、开放的学习环境，鼓励学生大胆尝试不同的解题思路，不怕失败。比如，在解决一个几何问题时，学生可以用画图、模拟、计算等多种方法进行探索，找到最优解。通过这种多样化的解题体验，学生能够培养灵活的思维方式，提升创新能力。学生有机会将数学知识与实际生活相结合，发现数学的实际应用价值。例如，在一个"家庭理财"项目中，学生需要制定家庭预算、进行财务分析、优化开支等。这种实际问题的解决过程，使学生认识到数学不仅是课堂上的学科，更是解决现实问题的重要工具，激发了他们学习数学的兴趣和动力。项目学习的最终目标是培养学生的综合素质，使他们具备应对未来挑战的能力。学生不仅能够掌握扎实的数学知识，还能培养探究精神和创新能力，成为具有独立思考和解决问题能力的人才。比如，通过多个项目的实践，学生能够形成系统的思维方式，学会在复杂情境中综合运用各种知识和技能，找到最优解决方案。

3. 效果

通过集体智慧的碰撞，学生能够发现更多的数学问题解决途径，拓展思维广度。这种合作学习方法不仅促进了学生对数学知识的深刻理解，还培养了他们的团队合作精神和创新思维。每个学生都有机会提出自己的解题思路和方法。学生能够听到不同的观点和见解，从中获得启发。例如，有的学生可能会采用代数方法，有的学生则可能倾向于图形变换，而另一些学生可能会尝试实际操作。这种多元化的思维碰撞，使学生能够从不同角度思考问题，找到更多的解决途径。

在独立思考时，学生往往会受到自身知识和经验的限制，容易产生思维盲点。在小组合作中，其他成员的观点和建议可以帮助他们发现并克服这些盲点。例如，在解决一个数据分析问题时，有的学生可能忽略了某些关键变量，而其他学生的提醒和补充，可以使整个小组更加全面和准确地解决问题。这种互补性合作，不仅提高了解题效率，还增强了学生的思维深度和广度。通过集体智慧的合作，学生能够学会在不同情境中灵活应用数学知识。项目学习中的实际问题往往是多维度和复杂的，需要学生综合运用所学的各类数学知识。学生能够互相帮助，共同寻找最佳解决方案。例如，在"社区资源分配"项目中，学生需要结合统计、几何和代数知识，分析数据、计算资源分配，并提出优化方案。这种综合性学习，能够显著提升学生的数学素养和应用能力。

学生不仅要解决现有的问题，还要不断提出新的问题和思路。通过小组讨论和头脑风暴，学生能够激发创造性思维，提出独特的解决方案。例如，在"环保节能"项目中，学生可以通过讨论，提出利用太阳能、风能等可再生能源的创新方案，并进行可行性分析和实践尝试。学生能够培养出开放的思维方式和创新能力。教师需要设计富有挑战性和开放性的项目，鼓励学生积极参与讨论和合作。通过适时提问和引导，教师可以帮助学生深入思考和讨论，激发他们的创新思维。例如，当学生在讨论中遇到瓶颈时，教师可以通过提问引导他们从不同角度思考问题，找到新的突破口。学生能够看到自己的观点和建议被同伴接受和认可，体验到成功的喜悦和成就感。例如，在项目展示和分享环节，学生可以通过展示自己的成果，获得同伴和教师的认可和鼓励。

第四节　混合学习法

一、混合学习法概述

混合学习法是一种结合传统课堂教学与在线学习的教学方法。它利用信息技术和数字资源，将面对面的课堂互动与在线学习的灵活性相结合。学生可以在课堂上获得教师的直接指导和支持，同时在课外通过在线平台进行自主学习和复习。混合学习法不仅提高了教学效率，还增强了学生的学习体验和个性化学习效果，使学习过程更加灵活和多样化。

二、混合学习法在数学教学中的应用

(一) 在线学习资源的利用

视频讲解不仅能够生动地呈现复杂的数学概念，还能够通过动画和图形的辅助，使得抽象的数学理论更加形象化、易于理解。在线练习平台为学生提供了大量的练习题库，涵盖了不同难度和类型的题目。这些平台通常具有即时反馈功能，学生在完成练习后可以立即查看答案和解析，了解自己的错误所在并进行有针对性的改进。通过反复练习和即时反馈，学生的计算能力和解题技巧得到了有效提高。同时，在线练习平台还可以根据学生的答题情况，生成个性化的学习报告，帮助学生了解自己的学习进度和薄弱环节，从而制订更有针对性的学习计划。

通过计算机模拟和虚拟实验，学生可以直观地观察到数学定理和公式在实际问题中的应用。比如，通过模拟几何图形的变化，学生可以更好地理解几何定理的推导过程和应用场景[①]。模拟实验不仅提高了学生的学习兴趣，还增强了他们的动手能力和实际操作能力，使得数学学习变得更加有趣和实用。不仅如此，在线学习资源还包括各种互动式的学习工具，如数学游戏、互动白板和在线讨论区等。这些工具为学生提供了更多的学习互动和合作机会。通过数学游戏，学生可以在轻松愉快的氛围中学习数学知识，提高学习

---

① 范丽旻. 基于"四何"问题设计推进思维品质的培养 [J]. 中小学英语教学与研究，2023(11)：41-44.

的趣味性和主动性。互动白板和在线讨论区则为学生提供了一个交流和讨论的平台，学生可以在这里提出问题、分享见解，互相帮助，共同进步。

（二）课堂教学与在线学习的结合

将课堂教学与在线学习相结合是一种有效的教学策略，能够最大限度地利用教学资源，提升学生学习效果。教师可以在课堂上专注于重点内容的讲解和互动环节，这样的安排能够确保学生在面对复杂概念和难题时，能够得到及时指导和解答。通过面对面的互动，教师可以更直观地了解学生的理解情况，以满足不同学生的学习需求。在线学习平台提供了丰富的学习资源，学生可以利用课后的时间进行自主学习和练习。这样的安排不仅节省了课堂时间，使得课堂教学更加高效，还培养了学生的自主学习能力和时间管理能力。在线学习的灵活性和便利性使得学生可以根据自己的学习进度和需求，自主安排学习时间和内容。对于一些基础知识和简单的习题，学生可以在课前预习或课后复习，通过在线学习资源进行反复练习和强化。对于课堂上未能完全掌握的重点和难点，学生可以利用课后的时间，通过观看教学视频、参与在线讨论等方式，进一步深化理解。此外，课堂教学与在线学习的结合还为学生提供了更多的互动和合作机会。通过在线讨论区和学习小组，学生可以与同伴交流学习心得，分享解决问题的方法和技巧。

不仅如此，这种结合模式还为教师提供了更多的教学创新和改进空间。教师可以利用在线平台上的丰富资源，设计更加生动有趣的教学内容和活动。例如，通过在线测验和作业，教师可以收集学生的学习数据，进行分析和评估，及时调整教学计划和策略，以提高教学效果。课堂教学与在线学习的结合，不仅有效提升了教学效率和质量，还促进了学生的全面发展。通过这种模式，学生不仅能够获得知识和技能，还能够培养学生的自主学习、团队合作和创新思维等重要能力。这对于学生未来的发展和成长具有重要意义。

（三）自适应学习系统的使用

自适应学习系统在现代教育中的应用越来越广泛，通过这种系统，可以根据学生的学习进度和掌握情况，提供个性化的学习内容和练习。自适应学习系统能够实时监测学生的学习行为和表现，分析他们的学习数据，并据此调整学习内容和难度。这样的个性化学习方案，可以更好地满足每个学生的学习需求，摒弃了一刀切的教学模式，使得学生能够在适合自己的节奏中学习，从而有效提高学习效果。此外，自适应学习系统可以提供即时反馈，帮助学生及时了解自己的学习情况。当学生在学习过程中遇到困难时，系统可以立即提供相应的帮助和指导，避免学生在错误的道路上越走越远。即时反馈不仅可以增强学生的学习信心，还可以提高他们的学习效率。通过反复练习和调整，学生的知识掌握程度和技能水平将会显著提升。

自适应学习系统可以根据学生的学习进展，动态调整学习路径。每个学生的学习背景和能力不同，自适应系统能够根据这些差异，提供个性化的学习路径。比如，对于已经掌握的知识点，系统可以减少重复练习，而对于尚未掌握的部分，系统会增加练习次数和提供更多的辅导材料。这种动态调整机制，使得每个学生都能得到最适合自己的学习支持，从而达到最佳的学习效果。同时，自适应学习系统还能够促进学生的自主学习能力。这样的学习方式不仅提高了学生的学习积极性和主动性，还培养了他们的自我管理能力和独立思考能力。在自适应学习系统的支持下，学生可以更加自主地掌握自己的学习进程，逐步养成良好的学习习惯。

不仅如此，自适应学习系统对教师的教学也有很大帮助。通过系统提供的学习数据和分析报告，教师可以全面了解每个学生的学习情况，发现共性问题和个性差异，从而有针对性地调整教学策略和方法。教师可以根据系统的反馈，设计更加贴合学生需求的教学内容和活动，提升课堂教学的有效性和针对性。同时，自适应学习系统也为教师减少了一部分重复性劳动，使得他们有更多时间和精力进行教学研究和创新。自适应学习系统在提高学习效果的同时，也推动了教育的公平性。所有学生都可以获得个性化的学习支持和资源，不论他们的学习背景和能力如何。这对于教育资源相对匮乏的地区和学校尤为重要。自适应学习系统的普及应用，促进教育公平，提升整体教育质量。

第四章　数学思维的基本概念

第一节　数学思维的内涵与特征

一、数学思维的内涵

数学思维是一种逻辑严密、抽象概括的思维方式，涵盖了数理分析、推理证明和问题解决等多方面的能力。它强调对数学概念、结构和关系的理解，以及利用数学方法进行推理和演绎。数学思维不仅要求准确性和严密性，还注重创新性和灵活性，能够将复杂问题简化并找到有效的解决方案，是科学研究和日常生活中不可或缺的重要思维模式。

二、数学思维的特征

(一) 抽象性

数学思维具有高度的抽象性，能够从具体的事物中提炼出一般性的规律和模型。通过抽象化，复杂的问题得以简化，形成数学公式和理论，为进一步分析和解决问题提供了基础。

(二) 严密性

数学思维要求推理过程和结论的严格性和严密性。每一步推导都需要有充分的依据，逻辑上要严谨，不能有任何漏洞。这种严密性保证了数学结论的可靠性和正确性。

(三) 创造性

尽管数学思维强调逻辑和严密，但它也具有很强的创造性。在解决新问题或研究新领域时，数学思维需要突破传统的思维框架，探索新的方法和途径，提出创新的解法和理论[①]。

(四) 系统性

数学思维具有系统性和整体性。它不仅关注局部问题的解决，更强调整体结构和内在联系。在研究问题时，数学思维常常从整体出发，系统地考虑问题的各个方面，寻找全面的解决方案。

(五) 简洁性

数学思维追求简洁和优雅。一个好的数学解法往往是简洁明了的，能够以最简洁的方式表达复杂的概念和问题。数学思维注重去繁就简，提炼出问题的本质。

(六) 准确性

数学思维的准确性体现在对数据、概念和方法的精确使用上。无论是计算还是推理，数学思维都要求精确无误，细致入微，以确保结论的正确性和科学性。

(七) 普适性

数学思维具有广泛的应用性和普适性。它不仅适用于数学领域的问题解决，还广泛应用于物理、工程、经济、计算机科学等多个学科和领域，提供有效的分析工具和方法。

第二节　数学思维的基本类型

一、逻辑思维

逻辑思维是数学思维的核心，涉及演绎推理、归纳推理和类比推理。通过严格的逻辑推理，数学家能够从已知的前提出发，推导出新的结论。逻辑思维要求严密的论证和清晰的思路，是数学研究和问题解决的重要工具。

---

① 李慧．小学数学课堂教学中学生数学思维的培养 [J]. 学周，2024(3)：37-39.

二、直观思维

直观思维依靠感性直觉和空间想象，帮助理解和解决数学问题。它通常通过图形、图表和几何形状来呈现数学概念，使抽象的数学问题变得更加具体和可视化。直观思维在几何、拓扑和其他空间相关的数学领域尤为重要。

三、运算思维

运算思维注重数学运算和计算过程，包括基本的算术运算、代数运算以及复杂的数学变换。它要求对数学符号和公式的熟练掌握，以及对计算步骤的准确执行。运算思维在处理具体的数学问题和进行数值计算时非常关键。

四、构造性思维

构造性思维强调通过构建具体的数学对象或方法来解决问题。它常用于算法设计、几何作图和方程求解等领域[①]。在解决问题时，构造性思维通过具体的例子或步骤，提供直接而明确的解决方案。

五、反思性思维

反思性思维要求对数学过程和结果进行深刻审视和评价。它包括对解题策略的回顾、对错误的分析和对方法的改进。反思性思维有助于提高数学思维的深度和严谨性，培养批判性思维和自我改进能力。

六、抽象思维

抽象思维是将具体问题和现象提升到一般性概念和理论的能力。数学家能够发现和提炼出普遍的规律和模式，形成数学理论和模型。抽象思维在高等数学研究和理论构建中起着至关重要的作用。

---

① 刘梅.浅析数学思维和数学兴趣在小学数学教学中的意义思路构建 [J].中国科技经济新闻数据库教育，2022(1)：21-23.

七、模型思维

模型思维是通过建立数学模型来描述和解决实际问题的能力。它涉及将现实世界的问题转化为数学表达式或方程，并通过数学方法进行分析和求解。模型思维广泛应用于工程、经济、物理等领域，帮助解决复杂的实际问题。

第三节　数学思维的发展阶段

一、感知与直观阶段

(一) 感知阶段

在数学学习的初始阶段，儿童主要通过感知和直观来理解数学概念。这个阶段通常发生在学龄前和低年级阶段，儿童通过具体的物体和形象来认识数学现象。例如，他们通过数手指、玩积木等活动来感知数量、形状和空间关系。在这一阶段，教师应提供丰富的感性材料，如图形、实物模型等，帮助学生建立初步的数学概念。

(二) 直观阶段

儿童逐渐从具体感知转向直观思维。他们开始能够在头脑中形成数学概念的直观形象，但仍需依赖具体的图像和实例来理解和解决问题。例如，学生可以通过观察几何图形的特点来理解面积和周长的概念。教师应通过多媒体教学、直观图示等手段，增强学生的直观理解能力。

二、操作与表象阶段

(一) 操作阶段

儿童逐渐发展出对数学概念的抽象理解能力。他们能够通过具体操作来探索数学规律和性质，例如，通过动手操作几何体来理解体积，通过分组和配对来学习加减法。动手操作和实践活动是关键，教师应设计丰富的操作活动，如实验、游戏等，帮助学生在实践中掌握数学知识。

(二) 表象阶段

随着操作能力的提高，学生开始能够在头脑中形成较为清晰的数学表象，不再完全依赖具体操作。他们能够通过脑中表象进行推理和计算。例如，通过想象分数的分割方式来理解分数的加减法，通过头脑中的几何图形进行面积的计算。教师应注重培养学生的抽象思维能力，鼓励他们进行头脑中的操作和推理。

三、抽象与逻辑阶段

(一) 抽象阶段

进入高年级和中学阶段，学生的数学思维逐渐进入抽象阶段。他们开始能够理解更加抽象的数学概念和符号系统，如代数中的变量和方程、几何中的公理和定理。学生不再需要依赖具体的事物或图像来理解数学概念，而是能够通过抽象符号和语言进行思维和表达。教师应注重数学语言和符号的教学，帮助学生掌握抽象思维的方法。

(二) 逻辑阶段

在抽象思维的基础上，学生逐渐发展出严密的逻辑思维能力。他们能够进行系统的推理和证明，理解数学定理和公式的推导过程。例如，通过逻辑推理证明几何定理，通过方程组求解复杂的代数问题。教师应注重培养学生的逻辑推理能力，鼓励他们进行自主探究和证明，帮助他们形成严谨的数学思维方式。

四、综合与创新阶段

(一) 综合阶段

在综合阶段，学生能够将所学的数学知识和技能进行综合应用。例如，通过综合运用代数、几何和统计等知识进行数据分析和建模，通过数学方法解决科学和工程中的实际问题[①]。学生的数学思维已经达到较高水平，能够进行跨学科的综合应用。教师应注重培养学生的综合应用能力，提供多样化的应用场景和实践机会。

(二) 创新阶段

学生的发展目标是进入创新阶段，他们能够在已有知识的基础上进行创造性思维，提出新的数学问题和解决方法。例如，通过独立研究和探索，发现新的数学规律和原理，或提出创新性的数学模型和算法。学生的数学思维达到顶峰，能够进行独立的学术研究和创新。教师应鼓励学生进行自主探究和创新，为其提供丰富的研究资源和支持，帮助他们实现数学思维的全面发展和突破。

第四节　数学思维的评价方法

一、观察法

(一) 课堂观察

在课堂上，教师可以通过观察学生的表现来评估他们的数学思维发展。例如，观察学生在解决问题时的思维过程、参与讨论的积极性以及他们对问题的理解和反应。通过记录这些表现，教师可以了解学生的思维特点和发展水平。

(二) 操作活动观察

在动手操作活动中，教师可以观察学生是如何使用具体材料和工具解决数学问题的。通过观察他们的操作过程、步骤选择和解决策略，教师可以评估学生的逻辑思维和操作能力。

---

① 黄玉 . 在小学数学教学中如何培养学生的创新思维能力 [J]. 东西南北 (教育)，2019 (22)：303.

二、口头评价法

(一) 课堂提问

教师通过课堂提问来评估学生的思维过程和理解程度。例如，提出开放性问题让学生解释他们的解题思路，或让学生在课堂上展示和讲解他们的解决方法。通过学生的回答和解释，教师可以判断他们的逻辑推理和表达能力。

(二) 小组讨论

教师可以通过倾听学生之间的交流来评估他们的合作和沟通能力，以及他们在讨论中展示的数学思维。例如，观察学生如何在小组中提出问题、解决问题和相互帮助。

三、书面评价法

(一) 作业评估

通过评估学生的数学作业，教师可以了解他们的解题技巧、计算准确性和书写规范性。学生分析作业中的错误也可以帮助教师识别学生在思维过程中的薄弱环节，从而进行针对性指导。

(二) 测验和考试

定期进行数学测验和考试是评估学生数学思维的重要方法。通过分析学生在测验中的表现，教师可以了解他们对数学知识的掌握程度和应用能力。试题设计应包括多种类型的问题，如计算题、应用题和开放性问题，以全面评估学生的数学思维[①]。

---

① 顾小芳.浅谈小学数学教学中创新能力的培养 [J].安徽教育科研，2023（10）：35-37.

四、项目评价法

(一) 数学项目

教师可以设计一些数学项目,让学生在实际问题中应用所学知识。例如,设计一个调查项目,学生需要收集数据、进行分析和提出结论。通过了解项目的完成情况,教师可以评估学生的综合应用能力和解决问题的能力。

(二) 实验活动

在实验活动中,学生通过具体的实践操作来解决数学问题。教师可以通过学生的实验报告、实验过程中的表现以及最终结果,评估他们的实践能力和数学思维。

五、自我评价法

(一) 学习日志

学生可以通过记录学习日志,反思自己在数学学习中的表现和思维过程。教师可以通过学生的日志了解他们的思维过程、遇到的困难和解决策略,从而进行有针对性的指导。

(二) 自我评估表

设计自我评估表让学生对自己的学习进行评估。例如,评估自己在解题时的思路是否清晰、遇到困难时的解决方法以及对知识点的掌握情况。通过自我评估,学生可以提高自我认知和反思能力。

六、同伴评价法

(一) 小组互评

在小组活动中,学生之间可以进行互评。例如,评价同伴在小组讨论中的发言、解题方法和合作态度。通过同伴评价,学生可以学习他人的思维方法，促进相互学习和共同进步。

(二) 互改作业

教师可以安排学生互改作业，通过评价同伴的作业，学生可以发现他人的优点和自己的不足，从而提高自身的数学思维能力。

七、综合评价法

(一) 综合档案

建立学生的数学学习档案，包括他们的作业、测验成绩、项目报告和评价记录等。通过综合分析这些材料，教师可以全面了解学生的数学思维发展情况。

(二) 多维度评价

教师采用多种评价方法，从不同维度评估学生的数学思维。例如，结合课堂观察、口头评价、书面评价和项目评价等方法，全面评估学生的数学思维能力和发展水平。

第五章　教师在数学思维培养中的角色

第一节　教师数学思维培养的素养要求

一、深厚的数学知识基础

(一) 扎实的基础知识

教师需要具备扎实的数学基础知识，包括代数、几何、微积分、数论等各个领域。深厚的基础知识不仅能够帮助教师解答学生的各种问题，还能为教师设计高质量的教学内容提供支持。教师应不断复习和巩固自己的数学知识，保持对基础知识的熟练掌握。

(二) 广泛的知识面

除了基础知识，教师还应具备广泛的数学知识面，了解数学的各个分支和应用领域。例如，了解数学在物理、化学、工程、经济等学科中的应用，能够为学生提供更加丰富多样的教学内容。教师应通过阅读数学书籍、参加学术会议等方式，不断扩展自己的知识面。

二、创新与批判性思维

(一) 创新思维

教师需要具备创新思维，能够设计新颖的教学方法和题目，激发学生的学习兴趣。例如，通过设计有趣的数学游戏和实际应用问题，让学生在愉快的氛围中学习数学[①]。教师应积极尝试和探索新的教学方法，不断创新和

---

① 潘其猛.小学数学课堂教学中有效性问题设计分析 [J].科学大众 (智慧教育),
2022(4)：54-55.

改进自己的教学。

(二) 批判性思维

教师需要具备批判性思维，能够对各种数学问题进行深入分析和评估。例如，通过分析学生的解题思路，发现其思维中的问题和不足，并提供有针对性的指导。教师应培养自己的批判性思维能力，善于发现和解决教学中的问题。

三、教学设计与组织能力

(一) 教学设计

教师需要具备优秀的教学设计能力，能够根据学生的特点和需求，设计科学合理的教学方案。例如，通过制定明确的教学目标，选择适当的教学方法和材料，确保每一节课的教学效果。教师应不断学习和掌握教学设计的方法和技巧，提高自己的教学设计能力。

(二) 教学组织

教师需要具备良好的教学组织能力，能够有效地组织和管理课堂。例如，通过合理安排教学进度，控制课堂节奏，确保每一位学生都能够跟上教学进度。教师应注重课堂管理和组织，不断提高自己的教学组织能力。

四、沟通与表达能力

(一) 沟通能力

教师需要具备良好的沟通能力，能够与学生、家长和同事进行有效交流。例如，通过与学生进行互动，了解他们的学习情况和需求，及时调整教学方案。教师应培养自己的沟通能力，善于倾听和回应学生的意见和建议。

(二) 表达能力

教师需要具备清晰的表达能力，能够将复杂的数学概念和问题用简单明了的语言解释清楚。例如，通过生动形象讲解和示范，教师帮助学生理解抽象的数学概念。教师应不断练习和提高自己的表达能力，确保教学内容的准确传达。

五、终身学习与自我提升

(一) 持续学习

教师需要保持终身学习的态度，不断更新自己的知识和技能。例如，通过参加数学专业培训、阅读最新的数学研究论文等方式，不断提高自己的专业水平。教师应树立终身学习的观念，积极主动地学习新知识和新方法。

(二) 自我反思

教师需要具备自我反思的能力，能够及时总结和改进自己的教学。例如，教师通过反思每一节课的教学效果，发现问题和不足，提出改进措施。教师应培养自我反思的习惯，不断改进和提升自己的教学水平。

六、情感教育与关怀

(一) 关爱学生

教师需要关爱学生，关注他们的学习和生活情况。例如，通过关心学生的情感需求，帮助他们克服学习中的困难。教师应培养对学生的关爱之情，建立良好的师生关系，营造积极的学习氛围。

(二) 情感教育

教师需要重视情感教育，帮助学生树立积极的学习态度和价值观，例如，通过鼓励和表扬，激发学生的学习动力和自信心。教师应注重情感教育，培养学生的情感素养和社会责任感。

七、科研与实践能力

(一) 教育科研

教师需要具备教育科研能力，能够进行数学教育的研究和探索。例如，通过开展教育科研项目，研究数学教学中的问题和解决方案。教师应积极参与教育科研，不断提升自己的科研能力和学术水平。

(二) 实践能力

教师需要具备实践能力，能够将数学理论和方法应用于实际教学。例如，通过实际教学实践，验证和改进自己的教学方案和方法。教师应注重教学实践，不断提高自己的实践能力和教学效果。

第二节　教师在课堂中引导数学思维的策略

一、问题导向教学策略

通过提出开放性问题，引导学生进行思考和讨论。教师可以设计一些与课程内容相关的问题，引导学生探索和发现问题的解决方法。这种策略不仅能激发学生的好奇心，还能培养他们的逻辑思维和问题解决能力。

二、鼓励多样化思维策略

鼓励学生从不同角度思考问题，寻找多种解决方案。教师可以通过示范和引导，让学生意识到一个数学问题可能有多种解法，并鼓励他们分享各自的思路。这种策略有助于培养学生的创造性思维和批判性思维。例如，在解一道方程时，教师可以展示几种不同的解法，并邀请学生提出自己的方法。

三、动手操作与实验策略

动手操作和实验能帮助学生直观理解数学概念。教师可以利用各种教具、图形和实际操作，让学生在亲身体验中掌握抽象的数学知识。这种策略特别适用于几何、测量和数据处理等内容。例如，教师可以使用积木或拼图帮助学生理解面积和体积的概念①。

四、情境创设策略

通过创设贴近学生生活的情境，使数学学习变得生动有趣。教师可以将数学问题与学生的日常生活联系起来，让学生在解决实际问题的过程中学习数学知识。这种策略不仅能增强学生的学习兴趣，还能提高他们的应用能力。例如，在讲解货币的加减运算时，教师可以模拟购物场景，让学生进行实战演练。

五、引导反思与总结策略

在每个学习环节结束后，引导学生进行反思和总结。教师可以提问或讨论，引导学生回顾自己的学习过程。这种策略有助于学生巩固知识，提高自我监控能力。例如，教师可以在解题后问学生："这道题你是怎么解出来的？有没有更简便的方法？"

六、小组合作学习策略

教师可以将学生分成小组，布置一些需要合作完成的任务，让学生在互相交流中学习。这种策略能够增强学生的团队意识和沟通能力，同时也能在互助中解决疑难问题。例如，教师可以安排小组讨论一些复杂的应用题，让学生共同探讨解决方案。

七、利用现代教育技术策略

借助多媒体和网络资源，丰富数学教学手段。教师可以利用教育软件、数学游戏和在线资源，提供更多的学习材料和练习机会。这种策略能够吸引学生的注意力，提高课堂的互动性和趣味性。例如，教师可以使用互动白板展示几何变换，帮助学生理解图形的对称和旋转。

---

① 黄丽芳.注重操作实践助力思维发展——小学数学教学中学生抽象思维能力的培养[J].亚太教育，2022（14）：156-158.

八、激励与表扬策略

通过适时激励和表扬，增强学生的自信心和积极性。教师应及时肯定学生的努力和进步，鼓励他们大胆尝试和表达自己的想法。这种策略能够激发学生的学习动力，营造积极向上的课堂氛围。例如，教师可以在学生回答问题或完成任务后给予鼓励和表扬，增强他们的成就感。

第三节　教师职业发展与数学思维培养

一、专业合作与交流

(一) 同行交流

教师应积极与同行进行交流与合作，分享教学经验和研究成果。例如，参加教育论坛、教师沙龙，与其他教师交流教学心得，探讨教育理念。通过同行交流，教师可以获取新的教学思路和方法，提升自己的教学水平。

(二) 校际合作

教师应参与校际合作项目，与其他学校的教师共同开展教学研究和实践。例如，组织跨校的教学研讨会、合作开展教育科研项目，共同分享资源和经验。通过校际合作，教师可以开阔视野，提高专业素养。

二、科研与实践结合

(一) 参与教育科研

教师应积极参与教育科研项目，将科研与教学实践相结合。例如，通过开展数学教育研究，探讨学生数学思维的发展规律，提出有效的教学策略。通过科研实践，教师可以不断丰富自己的教学理论[①]。

---

① 杨登权. 利用开放性练习题培养学生的创新思维 [J]. 西北成人教育学报.2014 (1): 144-146.

(二) 应用科研成果

教师应将科研成果应用于实际教学，不断改进教学方法和策略。例如，将研究发现的有效教学方法应用于课堂，验证其实际效果，并根据反馈进行调整和优化。通过应用科研成果，教师可以实现教学与科研的良性互动，促进职业发展。

三、教育资源的开发与利用

(一) 开发教育资源

教师应积极参与教育资源的开发，例如编写教辅材料、设计教学软件、制作教学视频等。通过开发教育资源，教师可以为学生提供丰富的学习材料，辅助教学效果的提升。

(二) 利用现代技术

教师应善于利用现代信息技术，提高教学的效率和效果。例如，通过网络平台开展在线教学、利用多媒体技术进行课堂展示、使用数据分析工具评估教学效果。通过现代技术的应用，教师可以更好地满足学生的个性化学习需求。

四、师德修养与职业精神

(一) 树立良好师德

教师应注重自身师德修养，树立良好的职业道德形象。例如，关爱学生、严谨治学、公正评价，做学生的良师益友。通过树立良好的师德形象，教师可以赢得学生的尊敬和信任，促进教学效果的提升。

(二) 坚持职业精神

教师应坚持职业精神，保持对教育事业的热爱和奉献精神。例如，认真备课、精心授课、耐心辅导，始终以学生的发展为中心。通过坚持职业精神，教师可以不断提升自己的专业素养和教学能力。

五、国际视野与跨文化交流

(一) 开阔国际视野

教师应积极开阔国际视野，了解国际数学教育的发展动态。例如，参加国际学术会议、访问国外高校、阅读国际数学教育期刊等。通过开阔国际视野，教师可以学习国外的先进教育理念和方法，提升自己的专业水平。

(二) 跨文化交流

教师应参与跨文化交流项目，增强跨文化理解与合作能力。例如，通过参与国际教育合作项目，与国外教师共同开展教学研究和实践。通过跨文化交流，教师可以提升自己的跨文化素养。

六、自我管理与健康维护

(一) 时间管理

教师应注重时间管理，提高工作效率。例如，通过合理安排工作计划、制定每日任务清单、优化工作流程等方法，减少时间浪费。通过有效的时间管理，教师可以更好地平衡工作与生活。

(二) 健康维护

教师应注重身心健康，保持良好的工作状态。例如，通过定期锻炼、合理饮食、充足休息、心理调适等方法，维护身体和心理健康。通过健康的生活方式，教师可以保持充沛的精力和良好的情绪，更好地投入教学。

第四节　教师合作与交流促进数学思维发展

一、同行交流与经验分享

(一)教学研讨会

通过参加教学研讨会，教师可以与同行分享教学经验，交流教学方法。例如，教师可以在研讨会上展示自己在数学思维培养方面的成功案例，与其他教师探讨改进方法。通过这种交流，教师可以获取新的教学思路和启发，提高教学水平。

(二)教师工作坊

教师工作坊提供了一个实践和互动的平台，让教师可以共同探讨教学中的问题，分享解决方案。例如，通过工作坊的合作，教师可以共同设计和实施新的教学策略，促进数学思维的发展。工作坊的互动性和实操性有助于教师在实际教学中应用所学方法。

二、校际合作与资源共享

(一)跨校合作项目

通过跨校合作项目，教师可以共享教育资源，共同研究和解决教学难题。例如，几个学校的数学教师可以联合开发一套数学思维训练教材，或共同开展学生数学竞赛训练营[①]。通过跨校合作，教师可以利用更广泛的资源和智慧。

(二)联合教研活动

组织联合教研活动，教师可以在更大范围内交流和合作。例如，不同学校的教师可以定期组织聚会，讨论数学教学中的热点问题，分享各自的教

---

① 朱玉芳.倾听，独立，应用，合作——小学数学教学中学生学习习惯的培养探索与实践[J].华夏教师，2022(18)：25-27.

学心得和研究成果。联合教研活动有助于教师打破校际壁垒，共同提高专业水平。

三、专业社区与学术交流

(一)教师专业社区

加入教师专业社区，教师可以通过在线平台交流教学经验和研究成果。例如，教师可以在专业社区中发布自己的教学案例，参与讨论，获得同行的反馈和建议。专业社区为教师提供了一个持续学习和交流的平台。

(二)学术会议与论文发表

参加学术会议和发表教学研究论文，教师可以在更高层次上进行学术交流。例如，通过参加国际数学教育会议，教师可以了解最新的研究成果和教学方法，开阔视野。学术交流有助于教师不断更新知识，提升教学研究能力。

四、观摩教学与示范课

(一)观摩教学

通过观摩优秀教师的课堂教学，教师可以学习先进的教学方法和技巧。例如，参加名师的公开课，观察其如何引导学生进行数学思维训练，学习其课堂管理和教学组织方法。观摩教学为教师提供了实际的学习范例，有助于提高教学水平。

(二)示范课交流

教师可以组织和参与示范课交流活动，展示自己的教学方法，并接受同行的反馈。例如，通过示范课展示如何培养学生的逻辑推理和创新思维，接受其他教师的建议和改进意见。示范课交流有助于教师在实践中反思和提升教学能力。

五、学科教研组与团队合作

(一) 学科教研组

通过学科教研组的合作，教师可以定期进行集体备课和教学研讨。例如，数学教研组的教师可以共同研究教学大纲，设计数学思维训练的教学方案，分享教学资源。教研组的合作有助于教师在团队中互相学习，共同进步。

(二) 教学团队合作

教学团队合作可以提高教学效率和效果。例如，一个年级的数学教师可以组成教学团队，共同设计教学计划，分工负责不同内容的教学。教师可以发挥各自的优势，提升整体教学水平。

第六章　数学游戏化教学概论

第一节　游戏化教学的理论基础

一、自我决定理论（SDT）

自我决定理论强调内在动机的重要性，即个体在自我选择、自我掌控和内在满足的情况下，更加投入和持久地进行某项活动。在教育领域，游戏化教学通过设定明确的目标、即时反馈和适当的奖励来增强学生的内在动机。设定具体且可实现的目标，可以为学生提供清晰的学习方向，使他们明确自己的学习任务和期望成果。目标的设定应当具有挑战性但又不至于超出学生的能力范围，从而激发他们的学习兴趣和积极性。通过分阶段设定小目标，逐步引导学生实现更高的学习目标，使他们在每个阶段都能体验到成功的喜悦和成就感，从而增强内在动机。

在游戏化教学中，教师可以通过多种方式为学生提供即时反馈，如评分、评论、徽章奖励等。即时反馈能够帮助学生及时了解自己的学习进展，发现不足之处并加以改进。它不仅能增强学生的自信心，还能促使他们在学习过程中保持积极的态度和动力[①]。反馈的形式应多样化，既包括正面反馈，也包括建设性建议，帮助学生全面了解自己的学习情况。尽管奖励本质上是一种外在激励，但通过合理设计奖励机制，可以将其转化为内在动机的推动力。例如，游戏化教学中常用的积分系统、排行榜和虚拟奖励等，不仅能激发学生的竞争意识，还能增强他们的参与感和成就感。重要的是，奖励应当与学习目标紧密结合，避免单纯的物质奖励，而是通过情感和精神上的满足来激励学生持续投入学习。

为了充分发挥 SDT 在游戏化教学中的作用，还需注重学生的自主性和

---

① 温建红，邓宏伟．深度学习指向的数学单元复习教学策略研究 [J]．西北成人教育学院学报．2023(3)：60-65.

选择权。自主性是内在动机的重要组成部分，当学生能够自主选择学习内容和方式时，他们会感受到更强的控制感和责任感，从而更加积极地参与学习。教师可以通过设置多样化的学习任务和活动，让学生根据自己的兴趣和能力进行选择，从而提升他们的学习动机和效果。

二、成就动机理论

成就动机理论强调，通过竞争和成就感可以显著激发学生的学习动力。在教育过程中，学生往往会受到内在和外在动机的影响，而成就动机理论正是通过对学生成就感的培养，促使他们在学术上不断进步。这种理论认为，当学生在学习过程中感受到成就感时，他们的学习兴趣和参与度会显著提高。在成就动机理论的应用中，游戏化教学是一种有效的方法。游戏化教学通过引入积分、等级和奖励系统，使学习过程变得更加有趣和富有挑战性。学生在完成学习任务后可以获得积分，通过累积积分可以达到更高的等级或获得奖励，这种机制不仅增加了学习的乐趣，还提供了即时的成就感和满足感，从而增强了学生的学习动机。

通过游戏化教学，学生在完成每一个学习任务时都能获得即时反馈和奖励，这种积极的反馈机制能够有效地激发学生的学习动力。成就动机理论认为，学生在体验到成功和进步时，会感到自豪和满足，这种情感会促使他们继续努力，以获得更多的成就感。因此，游戏化教学不仅是提高学生学习效果的一种手段，更是激发学生内在学习动力的重要方式。学生之间的竞争通过积分排行榜等形式体现出来，学生可以看到自己的成绩与同学相比的位置，这种竞争机制促使学生不断努力，以提高自己的排名和积分。通过这种良性竞争，学生在追求成就的过程中获得了更多的学习动力和动力。

成就动机理论的另一个重要方面是通过设定明确的目标来激发学生的学习动机。教师可以为学生设定各种学习目标和任务，学生在完成这些目标时不仅能够获得成就感，还能看到自己的进步和发展。这种目标导向的学习方式，使学生在学习过程中有了明确的方向和动力，从而更积极地投入学习。同时，成就动机理论还强调设置适当的挑战以激发学生的学习动机。游戏化教学通过设计不同难度的任务和关卡，使学生在完成简单任务后逐步挑战更高难度的任务。这种逐级挑战的方式，使学生在每一次成功中获得成就感的同时，也不断激发他们挑战更高目标的愿望，从而持续保持学习的动力和兴趣。

在实际教学中，成就动机理论的应用需要教师的精心设计和实施。教师应根据学生的特点和需求，合理设置积分、等级和奖励系统，并及时给予学生积极反馈和激励。同时，应注重引导学生树立正确的竞争观念，使他们在竞争中不断进步，而不是为了竞争而竞争。通过科学合理地应用成就动机理论，教师可以有效地激发学生的学习动力。

三、知识建构理论

知识建构理论源自建构主义，这一理论认为学习是一个主动的建构过程，而不是简单的信息接收。学生通过与环境的互动，不断整合新知识与已有知识，形成自己的理解和认知结构。游戏化教学正是利用这一原理，提供互动性和沉浸式的学习环境，使学生能够主动探索和构建知识。传统的教学方式往往以教师为中心，学生被动接受知识，这种方式难以激发学生的学习兴趣和内在动力。相反，游戏化教学通过设计丰富多样的游戏情境，使学生在愉快的氛围中主动参与到学习活动中。学生在互动过程中，通过不断尝试和反馈，逐渐构建对知识的理解和掌握。

游戏化教学提供了一个充满互动性的学习环境，这种环境不仅可以激发学生的兴趣，还能促进他们的思维发展。在游戏化的学习过程中，学生面对各种问题和挑战，需要动脑思考、寻找解决方案。学生不仅在构建新知识，还在培养解决问题的能力和批判性思维。这种主动的学习方式，使学生在探索和建构知识的过程中获得深刻理解和长久的记忆。通过虚拟现实、增强现实等技术，游戏化教学能够为学生创造逼真的学习情境，使他们仿佛置身其中。这种沉浸式的体验，不仅能够增强学生的学习动机，还能使他们更加专注和投入。在这种环境中，学生能够更好地进行知识建构，将抽象的理论知识转化为具体的操作体验，从而加深对知识的理解和掌握。

在传统教学中，学生往往只注重考试成绩，而忽视了学习过程中的体验和思考。游戏化教学通过设定任务和目标，使学生在完成任务的过程中逐步获得成就感和满足感。这种注重过程的教学方式，使学生能够在不断尝试和探索中逐渐构建知识，形成对知识的深刻理解。学生在游戏化教学中不仅构建了知识，还培养了合作和交流的能力。学生经常需要与同伴合作完成任务，通过交流和分享，学生能够互相学习、共同进步。值得注意的是，游戏化教学不仅仅是将游戏元素简单地嵌入教学中，而是需要精心设计和实施。教师在设计游戏化教学时，应根据学生的特点和学习需求，设计适当的任务和挑战，确保学生能够在游戏中获得有效学习体验。同时，教师还应注重引导学生进行反思和总结，使他们在游戏过程中不仅获得知识，还能提升学习能力和思维水平。

四、强化理论

强化理论是行为主义的重要组成部分，它强调外部激励对行为的影响。根据这一理论，行为的发生和持续与外部奖励或惩罚密切相关。游戏化教学通过积分、徽章、排行榜等外部激励手段，能够有效地鼓励学生积极参与学习活动，增强他们行为的重复性和持续性。通过在学生完成学习任务后给予积分，教师可以直观地激励学生不断努力。积分不仅可以累积，还可以兑换各种奖励，这种即时的反馈机制使学生能够看到自己努力的成果，从而增强他们对学习的兴趣和动机。积分系统不仅是奖励的一种形式，更是对学生努力的一种认可，能够有效地促使学生持续投入学习。

通过为学生设计不同的徽章，奖励他们在学习过程中取得的各种成就，教师可以鼓励学生追求更高的目标。徽章不仅是对学生成绩的肯定，更是一种荣誉象征，使学生感到自豪和满足。不同类型的徽章可以对应不同的学习任务和挑战，使学生在追求徽章的过程中不断提升自己的能力和水平。这种激励方式能够有效地增强学生的学习动力，促使他们在学习过程中不断进步。通过将学生的学习成绩公开排名，教师可以营造一种竞争氛围，激励学生相互比拼、不断进取。排行榜不仅能够激发学生的竞争意识，还能够增强他们的学习动力，使他们在看到自己排名上升时感到成就感和满足感。然而，教师在使用排行榜时需要注意方式方法，避免对学生造成过大的压力或焦虑。

通过积分、徽章和排行榜等外部激励手段，游戏化教学能够有效地促进学生积极参与学习活动。行为主义强调，通过外部激励，可以增强行为的重复性和持续性。学生在不断获得外部奖励的过程中，会逐渐形成良好的学习习惯，并保持对学习的兴趣和投入。此外，外部激励还可以通过多样化的奖励形式来实现。教师可以根据学生的兴趣和需求，设计各种形式的奖励，如虚拟货币、虚拟礼品、特权解锁等。这些奖励不仅能够满足学生的物质需求，还能够激发他们的学习动机，使他们在追求奖励的过程中不断提升自己的能力和水平。通过多样化的奖励形式，教师可以有效激励学生参与学习，增强他们的行为持续性。

虽然外部激励可以有效地促进学生的学习行为，但如果仅依赖外部激励，可能会导致学生在失去奖励后失去学习动力。因此，教师应注重培养学生的内部动机，通过激发他们的兴趣和好奇心，使他们在获得外部奖励的同时，也能够体验到学习的乐趣和意义。通过内外激励的结合，教师可以有效提高学生的学习效果和持续性。

第二节　数学游戏的设计原则

一、目标明确原则

数学游戏的设计必须有明确的学习目标。每个游戏都应围绕特定的数学概念或技能展开，如加减法、乘除法或几何图形。明确的目标有助于教师评估学生的学习效果，并确保游戏具有教育价值。

二、趣味性强原则

趣味性是数学游戏吸引学生的重要因素。设计游戏时，应考虑到小学生的兴趣和爱好，通过生动的故事情节、有趣的角色和丰富的游戏活动来吸引学生的注意力。趣味性强的游戏能激发学生的学习热情，使他们在快乐中学习数学。

三、难度适中原则

数学游戏的难度应适合学生的年龄和认知水平。设计时应遵循由易到难的原则，确保所有学生都能参与并从中获益。过于简单的游戏会让学生失去兴趣，而过于复杂的游戏则可能让学生感到沮丧和挫败。适当的难度是设计数学游戏的关键[①]。

四、互动性强原则

互动性是数学游戏的重要特点。设计时，应尽可能增加师生互动、生生互动的环节。例如，可以设计合作完成任务的游戏或竞争性的游戏，通过互动使学生在游戏中相互学习、共同进步。互动性强的游戏能增强学生的参与感和集体荣誉感。

五、反馈即时原则

即时反馈是数学游戏中不可或缺的元素。学生在游戏过程中，需要及时知道自己的表现，哪里做得好，哪里需要改进。设计时，应设置即时反馈机制，如正确答案的提示、得分情况的展示等。即时反馈能帮助学生调整学习策略。

六、多样化原则

数学游戏的形式应多样化，以满足不同学生的学习需求和兴趣。可以设计纸笔游戏、桌面游戏、数字游戏等多种形式，丰富学生的学习体验。多样化的游戏形式不仅能保持学生的新鲜感，还能帮助他们从不同角度理解和掌握数学知识。

七、与生活结合原则

将数学游戏与学生的日常生活相结合，能增强学生对数学的兴趣和理解。设计时，可以引入生活中的实际问题和场景，让学生在解决实际问题的过程中学习数学。例如，设计购物游戏，让学生在模拟的购物情景中进行加减计算，既有趣又实用。

八、可操作性强原则

数学游戏的设计应考虑实际操作的可行性。游戏规则应简单明了，材

---

① 唐正华. 浅谈培养小学生数学解题能力的策略 [J]. 数学学习与研究，2023(25)：56-58.

料易于准备，过程易于实施。复杂的规则和过程可能会让学生和教师感到困惑，从而影响游戏的效果。因此，设计时应注重游戏的简洁和可操作性。

九、激励机制原则

有效的激励机制能提高学生的参与度和积极性。设计时，教师可以设置奖励机制，如颁发小奖品、颁发荣誉证书等，激励学生积极参与和努力学习。合理的激励机制能增强学生的成就感和自信心，促使他们在学习中不断进步。

第三节 游戏设计的基本要素

设计一款有效的数学游戏需要考虑多个基本要素。这些要素不仅决定了游戏的趣味性和教育价值，还影响着学生的学习体验和效果

一、明确的学习目标

在设计数学游戏时，目标应清晰地围绕特定的数学概念或技能展开，例如基本运算、几何知识或问题解决能力。这样的目标不仅使游戏具有明确的教育方向，还能帮助教师在教学过程中更有效地评估学生的学习效果。通过明确的学习目标，教师可以确保游戏的教育价值，使学生在游戏中既能享受到乐趣，又能达到预期的学习成果。设定明确的学习目标还可以为教师提供指导，使他们能够更好地规划和组织教学活动。例如，在设计一个针对加减法的数学游戏时，教师可以设定目标，如学生在游戏结束时能够熟练进行20以内的加减运算。这样的目标不仅具体，而且可测量，有助于教师在教学过程中及时调整和优化教学策略。

在参与数学游戏时，学生如果知道自己需要掌握哪些知识或技能，他们会更有方向感和动力。这样的目标导向学习可以增强学生的参与热情和主动性，使他们在游戏过程中更加投入和专注。同时，学生在达成目标后获得的成就感和满足感也能进一步激发他们的学习兴趣和动力。明确的学习目标

还有助于游戏设计者在开发过程中保持一致性和连贯性[①]。设计者可以根据预定的学习目标选择和设计适合的游戏元素和机制，确保游戏的各个部分都服务于教学目标。例如，在设计一个几何知识的游戏时，设计者可以通过设置不同难度的关卡，让学生逐步掌握从基本形状识别到复杂图形绘制的技能。这样的设计不仅结构清晰，而且循序渐进，能够有效地支持学生的知识建构过程。

二、适当的难度设置

游戏的难度应与学生的年龄和认知水平相匹配，这样才能确保所有学生都能参与其中并从中获益。在设计游戏任务时，应采取由浅入深的方法，逐步增加难度，使学生在游戏过程中逐步提升自己的能力。这样的安排不仅能够保持学生的兴趣，还能让他们在每个阶段都能感受到自己的进步。通过设定适当的挑战，学生会感到每一次成功都来之不易，从而获得极大的成就感。这种正向的反馈机制可以有效地激发学生的学习动机，使他们愿意投入更多的时间和精力到学习中去。然而，如果游戏的难度过高，学生可能会在一开始就感到无法应对，从而失去兴趣和信心。因此，游戏的难度应设计得既具有挑战性，又不过于困难，让学生在努力的同时能够看到自己的进步和成果。

通过从简单到复杂的任务安排，学生可以在掌握基本知识和技能的基础上，逐步应对更复杂的挑战。这样，不仅可以增强学生的信心，还能提高他们解决问题的能力。适当的难度设置能够避免学生因任务过重而产生的挫败感，从而保持他们的学习兴趣和积极性。为确保游戏难度的适宜性，教师在设计游戏时应充分了解学生的实际水平和需求。可以通过观察和测试来了解学生的知识掌握情况，并根据这些信息进行游戏设计和调整。此外，教师还可以在游戏过程中收集学生的反馈，不断优化游戏的难度设置，使之更加贴合学生的学习节奏和需求。

三、吸引人的故事情节

吸引人的故事情节在教育游戏中扮演着重要的角色，它能够极大地提

---

① 李兰. 论如何提高小学数学读题与审题能力 [J]. 理科爱好者，2023(4)：173-175.

升学生的参与热情和学习兴趣。通过设计有趣的角色、情节和背景设定，学生可以被深深吸引，沉浸在游戏中，进而增强他们的学习动机。故事情节应巧妙地与数学知识点相结合，使学生在享受游戏的同时，不知不觉中掌握了相关内容。这种方法不仅能够激发学生的学习兴趣，还能帮助他们在轻松愉快的氛围中提高数学成绩。通过构建一个引人入胜的虚拟世界，学生们能够在游戏中遇到各种挑战和谜题，这些挑战和谜题需要他们运用所学的数学知识来解决。这样的故事情节设计，使得学生在游戏过程中不断地练习和巩固数学技能，而不会感到枯燥乏味。故事情节的设计不仅要有趣，还要具有教育意义，能够引导学生在游戏中思考和解决问题。

有趣的角色和情节能够极大地吸引学生的注意力，激发他们的学习兴趣。通过设定富有个性和魅力的角色，学生能够在游戏中找到共鸣和乐趣。故事情节的起承转合以及背景设定也要精心设计，使学生在游戏中能够体验到冒险和探索的乐趣。同时，故事情节中的每一个环节都应与数学知识点紧密结合，使学生在游戏过程中自然而然地学习和掌握知识。学生的参与度和学习效果在很大程度上取决于故事情节的设计。通过构建一个生动有趣的故事情节，学生能够在游戏中体验到成功和成就感，从而提高他们的学习动机。故事情节的设计不仅要考虑到学生的兴趣爱好，还要与课程内容相契合，使学生在游戏中能够不断地应用和实践所学知识。这样的设计不仅能够提高学生的数学成绩，还能培养他们的学习兴趣和动手能力。

四、丰富的互动形式

丰富的互动形式在教育游戏中扮演着关键角色，通过多样的互动方式，能够极大地促进师生和生生之间的交流与合作。游戏设计者可以通过合作任务、竞争性游戏以及角色扮演等多种互动形式，增强学生的参与感和集体荣誉感。互动形式的多样性不仅能使学生更加投入游戏，还能培养他们的团队合作精神和社交能力。通过游戏中的任务设计，教师可以引导学生共同完成一些复杂的挑战，使学生在合作中学习和进步。这样的互动不仅能增强学生对数学知识的理解，还能提高他们的解决问题能力和团队合作精神。此外，教师在游戏中扮演的角色也可以多样化，如导师、挑战者等，这样可以使师生关系更加融洽，学习氛围更加积极。

通过设置需要团队合作才能完成的任务，学生可以在互相帮助、共同努力中完成挑战。这种互动形式不仅能增强学生之间的友谊，还能培养他们的协作能力和集体荣誉感。竞争性游戏也是一种有效的互动形式，学生可以在友好的竞争中提升自己的学习动力和表现。通过这样的方式，学生不仅能在竞争中相互激励，还能在竞争中学习和成长。通过让学生在游戏中扮演不同的角色，他们可以体验到不同的视角和责任，从而更好地理解和掌握数学知识。角色扮演不仅能使学习过程更加生动有趣，还能帮助学生发展批判性思维和解决问题的能力。学生在角色扮演过程中，需要不断地与同伴交流和合作，这样不仅能增强他们的沟通能力，还能提高他们的团队合作意识。

五、多样化的游戏形式

多样化的游戏形式在教育中具有重要意义，通过多种形式的游戏设计，可以满足不同学生的学习需求和兴趣。纸笔游戏、桌面游戏、数字游戏等多种形式的结合，能使他们以多种方式理解和掌握数学知识。这样的设计能够有效地保持学生的新鲜感和学习兴趣，使他们在多样化的游戏中不断进步和成长。在教育游戏设计中，纸笔游戏是一种传统但非常有效的形式。通过设计一些需要动脑筋的纸笔游戏，如填字游戏、数独等，学生可以在解决问题的过程中提高自己的逻辑思维能力和数学运算能力。这种形式的游戏简单易行，学生可以随时随地进行练习，增强他们对数学知识的理解和掌握。同时，纸笔游戏还能培养学生的耐心和细心，使他们在游戏中不断挑战自我。

通过设计一些互动性强的桌面游戏，如棋类游戏、卡牌游戏等，学生可以在游戏中与同伴互动，增强他们的团队合作精神和社交能力。这种形式的游戏不仅有趣，还能帮助学生在轻松愉快的氛围中学习和掌握数学知识。桌面游戏的多样化设计，可以根据不同的教学内容和学生需求进行调整，使每个学生都能在游戏中找到乐趣和挑战。通过使用电脑、平板电脑或智能手机等数字设备，学生可以进行各种互动性强的数学游戏。这些游戏通常具有丰富的视觉和声音效果，能够极大地吸引学生的注意力和兴趣。数字游戏的设计可以结合虚拟现实、增强现实等新技术，使学生在逼真的虚拟环境中学习和探索数学知识。这样不仅能提高学生的学习兴趣，还能帮助他们更好地理解和应用所学知识。

六、现实生活的应用

现实生活的应用在数学教育中具有重要的作用，通过将游戏与现实生活相结合，能够显著增强学生对数学的兴趣和理解。设计与日常生活密切相关的情境和问题，如购物、测量和时间管理等，使学生在解决实际问题的过程中学习数学。这种设计不仅能使数学知识更加贴近生活，还能提高学生的应用能力和实际操作能力。在数学教育游戏中，结合现实生活的情境可以有效地吸引学生的注意力。例如，通过模拟购物场景，学生可以在计算价格、找零和打折等实际操作中练习数学运算。这种情景模拟不仅能增强学生的计算能力，还能使他们在实际生活中应用所学知识，提高数学学习的实用性和趣味性。此外，通过设计类似的生活情境，学生可以更加直观地理解数学概念，从而提高他们的学习兴趣和动机。

通过设计一些涉及长度、面积、体积等测量问题的游戏，学生可以在实际操作中掌握相关知识。例如，教师可以让学生测量教室的面积、计算花坛的体积等，这些实际问题的解决过程不仅能增强学生的动手能力，还能帮助他们更好地理解测量的基本原理和方法。这种与现实生活紧密结合的学习方式，可以使学生在实践中不断巩固和提升数学知识。通过设计一些需要时间规划和管理的游戏任务，学生可以在游戏中学会合理安排时间和任务。例如，教师可以设计一个任务管理游戏，让学生在有限的时间内完成多项任务，从而练习时间分配和优先级排序。这种游戏设计不仅能提高学生的时间管理能力，还能增强他们的数学逻辑思维和决策能力，使他们在实际生活中更加高效地处理各种事务。

七、简明的规则说明

简明的规则说明是确保学生能够快速上手并有效参与游戏的关键因素。规则的复杂性往往直接影响游戏的效果和学生的学习体验。规则应该简洁明了，使学生能够迅速理解游戏内容，并在短时间内投入游戏中。复杂的规则可能让学生在开始时就感到困惑，导致他们无法顺利进行游戏。为了避免这种情况，设计者需要将规则简化到最基本的要点，避免使用过多的术语或复杂的描述。简洁的规则不仅能让学生更快地掌握游戏玩法，还能减少他们在游戏过程中遇到的障碍，使他们能够全身心地投入学习。

当规则明确且易于理解时，学生可以迅速掌握游戏的目的和操作方法，从而更加积极地参与其中。如果规则过于复杂或模糊不清，学生可能会因为不理解规则而感到沮丧或失去兴趣。通过使用简洁的语言和直观的示例，设计者可以确保学生能够快速掌握游戏规则，并从中获得乐趣和成就感。规则的简化可以使学生在游戏中更多地关注数学知识的应用，而不是陷入复杂的规则理解中。通过将游戏的重点放在数学知识的学习和实践上，学生能够在享受游戏的同时，轻松地掌握和运用所学的数学概念。这样，游戏不仅成为一种有趣的学习工具，也成为一种有效的教学手段。

为了确保规则的简洁性，设计者还可以考虑提供简单的游戏指南或示例。通过制作简短的规则说明文档或演示视频，设计者可以帮助学生更快地了解游戏规则并开始游戏。这样的辅助材料不仅能提升规则的可理解性，还能让学生在遇到问题时有明确的参考资源，从而提高他们的游戏体验。

八、有效的激励机制

通过设计各种奖励，如积分、徽章、小奖品或荣誉证书等，可以激励学生积极参与和努力学习。积分系统可以用于课堂活动和作业中，学生通过完成任务获得积分，积分达到一定数额时可以兑换奖励。这种方式不仅能够提高学生的学习积极性，还能培养他们的自律性和目标感。徽章可以根据学生在不同领域的表现颁发，如学术成就、团队合作、创新能力等。学生通过获得徽章，不仅能获得成就感，还能增强自信心。徽章的设计要具有吸引力和独特性，让学生感到荣誉和骄傲。

小奖品也是一种激励学生的有效手段。这些奖品可以是学习用品、小玩具或与学生兴趣相关的物品。奖品不必昂贵，但要具有一定的吸引力和实用性。通过定期设置奖励活动，学生在完成一定目标后可以获得奖品，这种方式可以激发他们的学习动力和兴趣。学生在完成特定任务或达到某一学术水平时，可以获得荣誉证书。这不仅能表彰他们的努力和成就，还能在他们的成长过程中留下积极的印记。荣誉证书可以在班级或学校的公开场合颁发，以增加其仪式感和影响力，让学生感受到被认可和鼓励。

第四节 游戏化教学的实施策略

一、设计有趣且具有挑战性的游戏

游戏需要具备足够的趣味性，才能吸引学生的注意力并激发他们的热情。为了在教学加减法时增加趣味性，可以设计"数学竞赛"游戏。在这个游戏中，学生通过答题获得积分，并根据积分排名。每个学生都希望在比赛中获得好成绩，因此他们会更加积极地参与学习。同时，游戏还可以融入一些互动环节，例如让学生组成小组进行竞赛，既培养了团队合作精神，又增加了游戏的挑战性。除了竞赛类游戏，拼图游戏也是一种很好的选择，特别适用于几何图形的教学。通过拼图，学生可以在动手操作中理解几何图形的性质和关系。例如，教师可以设计一个拼图游戏，让学生将不同形状的几何图形拼成一个完整的图案。在拼图过程中，学生需要运用他们的空间想象力和逻辑思维能力，这不仅增加了学习的趣味性，还提高了他们解决问题的能力。

游戏的设计需要考虑学生的年龄和认知水平，确保游戏的难度适中，既不会让学生感到过于简单而失去兴趣，也不会让他们感到过于困难而产生挫败感。例如，对于低年级学生，可以设计一些简单的数学游戏，如"找数字"游戏，让学生在特定时间内找到并圈出指定的数字。对于高年级学生，教师可以设计一些复杂的逻辑谜题或数学探险游戏，鼓励他们在解决问题的过程中深入思考和探索。为了增加游戏的趣味性，教师还可以加入一些奖励机制，如积分、徽章和小奖品等。当学生在游戏中取得进步或完成任务时，给予他们适当的奖励，能有效增强他们的成就感和自信心，进一步激发他们的学习动机。同时，教师在设计游戏时应注意多样化，避免出现单一的游戏形式，让学生在不同类型的游戏中获得丰富的学习体验。

二、使用多样化的教学工具和资源

通过引入多媒体、互动白板和数学教具等多样化的工具，教师能够丰富教学的形式和内容，使课堂更加生动有趣。多媒体工具如动画、视频和声音，可以将抽象的数学概念形象化，使学生更容易理解[①]。例如，在教学几何图形时，可以使用动画展示不同图形的特性和变化过程，帮助学生建立直观的空间感受。此外，互动白板是一种非常有效的教学工具，能够提高学生的参与度和互动性。教师可以在互动白板上进行实时演示，学生也可以通过触控操作参与到教学活动中。这种互动方式不仅增加了课堂的趣味性，还能激发学生的学习兴趣和积极性。例如，在教学加减法时，教师可以在互动白板上展示一组数字，让学生上台进行操作，通过拖动和排列数字来完成计算任务。

通过实际操作教具，学生可以在动手实践中理解和掌握数学知识。例如，在教学分数时，可以使用分数圆饼教具，学生通过切割和拼接圆饼，直观地感受到分数的意义和运算规则。这种动手操作不仅增强了学生的理解能力，还培养了他们的动手能力和创新思维。教师可以利用视频资源，播放与数学知识相关的教育短片，让学生在观看视频的过程中学习。例如，在教学数学故事问题时，教师可以播放动画故事片，结合故事情节引导学生进行数学思考和解决问题。声音效果也能增加课堂的趣味性，通过播放相关的音效或音乐，营造轻松愉快的学习氛围。

通过整合多种教学工具和资源，教师可以设计出更具互动性和趣味性的游戏化教学活动。例如，可以设计一个"数学探险"游戏，学生需要通过完成一系列数学任务来探索虚拟世界。游戏过程中，学生可以通过观看视频获得线索，通过互动白板进行操作，通过使用数学教具解决问题。这样不仅能提高学生的数学能力，还能培养他们的团队合作精神和探究能力。

三、分组合作与竞争

分组合作与竞争在游戏化教学中发挥着重要作用，通过这种方式进行学习，不仅能够增强学生的团队合作能力，还能通过互相激励和监督，提高整体学习效果。通过合作，学生们可以分享各自的见解和方法，从而找到最优解答方案。这种合作学习方式不仅能培养学生的沟通能力和团队精神，还能让他们学会如何在团队中有效地分工与合作。教师可以设计各种数学竞

[①] 蔡益磊.找准关键信息精确使用方法：小学生审题能力的培养 [J]. 小学生，2023(7)：118-120.

赛，让各小组在规定时间内解决数学问题，并根据完成的速度和正确率给予相应的积分和奖励。例如，可以设计一个"数学接力赛"，每个小组的成员依次解答不同的数学题目，接力完成任务。这样的竞赛不仅能激发学生的竞争意识，还能培养他们的应变能力和协作精神。

在团队竞赛中，每个学生都希望为自己的小组争光，这种荣誉感和责任感会促使他们更加努力地参与学习。通过与同伴的合作，他们可以互相帮助、互相学习，共同进步。同时，通过与其他小组的竞争，他们也会不断挑战自己，争取更好的成绩。这样的学习环境能够激发学生的潜力，使他们在愉快的氛围中提高数学能力。为了使分组合作与竞争更加有效，教师在设计游戏时需要考虑公平性和合理性。各小组的任务应当难度适中，既要有挑战性，又要确保每个学生都有机会参与并发挥自己的特长。积分和奖励机制也要公开透明，激励学生在合作和竞争中不断进步。例如，可以设置不同难度级别的题目，让各小组根据自身情况选择挑战，完成难度较高的题目可以获得更多的积分，这样既能激励学生挑战自我，又能照顾到不同水平学生的学习需求。

四、建立良好的课堂氛围

教师需要注重与学生的互动，创造一个轻松愉快的学习环境。通过友好交流和互动，学生可以感受到教师的关心和支持，从而更加愿意参与课堂活动。例如，教师可以在游戏活动中采用幽默的语言和鼓励性的评价，让学生感受到课堂的乐趣和积极性。在游戏过程中，教师应通过表扬和奖励来激励学生的参与热情。无论是回答问题、参与讨论，还是在游戏中表现出色的学生，都应该得到及时肯定和鼓励。这样的正向反馈不仅能够增强学生的自信心，还能提高他们的学习动机和兴趣。

教师需要尊重学生的个体差异，关注每个学生的独特性和发展需求。每个学生的表现和反应可能会有所不同。教师应以包容和理解的态度对待每个学生，给予他们展示自己能力的机会。例如，可以根据学生的不同兴趣和能力设计多样化的游戏活动，确保每个学生都能在适合自己的游戏中找到乐趣和成就感。教师应鼓励学生表达自己的想法和意见，无论对错都应给予尊重和接纳。教师可以通过提问、讨论和合作等方式，引导学生积极思考和分享自己的见解。

五、合理安排游戏时间

确保游戏活动与正常教学相协调，既能保持学生的学习兴趣，又不会影响整体教学进度。游戏时间不宜过长，否则容易导致学生注意力分散，影响学习效果。因此，教师应在课程设计中，合理分配游戏和讲授的时间，使两者相辅相成，共同提升教学效果。对于较为复杂和抽象的数学概念，可以适当延长游戏时间，通过互动和实践帮助学生更好地理解。对于相对简单的内容，游戏时间可以相应缩短，确保教学节奏不被打乱。例如，在学习基础加减法时，教师可以设计一个10分钟的小游戏，而在学习复杂的几何图形时，可以设计一个20分钟的互动活动。

教师还应根据学生的年龄和认知水平调整游戏时间。小学生的注意力持续时间相对较短，游戏时间最好控制在15分钟以内，以保持他们的兴趣和专注度。对于高年级学生，总体上不宜超过30分钟，以免影响后续的教学内容。通过灵活调整游戏时间，教师可以有效把握课堂进程，确保每个教学环节都能顺利进行。为了使游戏化教学更加高效，教师可以在课程设计中预留一定的时间进行游戏总结和反思。在游戏结束后，通过简短的总结和讨论，帮助学生梳理和巩固所学知识。同时，教师可以借此机会了解学生的学习情况和游戏体验，及时调整教学策略和游戏设计。例如，在一次数学竞赛游戏后，教师可以请学生分享他们的解题思路和心得体会，并针对学生遇到的困难进行解答和指导。

教师可以将游戏活动分散安排在不同的教学环节中，既可以作为新知识的导入，也可以作为知识巩固的练习。例如，在讲解完一个数学概念后，立即安排一个相关的小游戏，帮助学生加深理解；在完成一节课的讲授后，教师安排一个总结性的游戏活动，让学生在轻松愉快的氛围中复习所学内容。这样，不仅可以增强课堂的趣味性，还能有效提升学生的学习效果。

第七章　数学游戏化教学实践

第一节　数字与运算的趣味游戏

一、数字接龙游戏

(一) 游戏规则

数字接龙游戏是一个简单而有趣的游戏，适合小学阶段的学生。游戏开始时，教师说出一个数字，然后学生依次接龙，每个学生说出的数字必须是前一个数字加上一或减去一。例如，教师说"5"，第一个学生可以说"6"或"4"，下一个学生继续接龙。

(二) 益处

这个游戏可以帮助学生熟悉加减运算，增强他们的反应能力和口算能力。同时，通过轮流接龙，学生们可以培养团队合作精神和集体参与意识。

二、数独游戏

(一) 游戏规则

数独是一种数字填充游戏，通常是一个 9×9 的方格，分为 9 个 3×3 的小方格。游戏的目标是填满整个方格，使得每行、每列和每个 3×3 的小方格内的数字 1 到 9 都不重复[①]。教师可以根据学生的年龄和数学能力选择适当难度的数独题目。

---

① 徐天宇. 小学生数学读题能力的培养 [J]. 教育界，2023(18)：92-94.

（二）益处

数独游戏可以培养学生的逻辑思维能力和问题解决能力。在填充数字的过程中，学生需要进行大量的推理和验证，从而提高他们的数学思维和专注力。

三、数字谜语

（一）游戏规则

教师准备一些数字谜语，学生通过解答谜语来找到正确的数字。例如："我比 7 大 1，比 9 小 1，我是谁?"答案是"8"。教师可以设计各种难度的谜语，根据学生的水平逐步增加挑战。

（二）益处

数字谜语可以增强学生对数字的理解和敏感度。通过解答谜语，学生不仅可以复习和巩固所学的数学知识，还能培养他们的思维灵活性和创造力。

四、数字连线游戏

（一）游戏规则

教师在黑板上或纸上画出一系列未完成的连线图，每个点标有一个数字，学生需要按照数字的顺序连接点。例如，按照从 1 到 10 的顺序连线，最后形成一个完整的图形。教师可以设计各种形状和难度的连线图。

（二）益处

数字连线游戏可以帮助学生熟悉数字顺序，提高他们的注意力和手眼协调能力。同时，通过完成连线图，学生可以获得成就感，增强他们的学习兴趣。

五、数字拼图

(一) 游戏规则

教师准备一些数字拼图，例如数独拼图或魔方拼图，让学生通过拼图练习数字和运算。例如，将1到9的数字拼成一个 3×3 的方格，每行、每列和对角线上的数字之和相等。教师可以根据学生的水平选择不同难度的拼图。

(二) 益处

数字拼图可以培养学生的空间思维能力和逻辑推理能力。学生需要进行大量的思考和尝试，从而提高他们的数学思维和解决问题的能力。

六、计算竞赛

(一) 游戏规则

教师组织一个计算竞赛，让学生在规定时间内完成一系列加减乘除的计算题。教师可以根据学生的年龄和数学水平选择适当难度的题目，并设置奖励机制。

(二) 益处

计算竞赛可以提高学生的计算速度和准确性。通过竞赛，学生不仅可以巩固所学的数学知识，还能培养他们的竞争意识和团队合作精神。

七、数字卡片游戏

(一) 游戏规则

教师准备一套数字卡片，上面标有不同的数字和运算符号。学生可以通过抽取卡片进行数字运算游戏，例如比大小、加减法比赛等。教师可以设计各种有趣的玩法，吸引学生的兴趣。

（二）益处

数字卡片游戏可以增强学生对数字和运算的兴趣。通过游戏，可以培养他们的数学思维和运算能力。

八、数字冒险游戏

（一）游戏规则

教师设计一个数字冒险故事，将数字和运算融入故事情节。例如，学生需要通过解答数学问题来完成冒险任务，找到隐藏的宝藏。教师可以利用多媒体技术制作数字冒险游戏，增加趣味性和互动性。

（二）益处

数字冒险游戏可以激发学生的学习兴趣和好奇心。通过故事情节，学生可以在游戏中学习数学知识，培养他们的逻辑思维和问题解决能力。

九、数字探险活动

（一）游戏规则

教师组织学生进行户外数字探险活动，如数字寻宝游戏。教师在校园或公园内设置多个数字站点，每个站点都有一个数学问题，学生需要解答问题才能获得线索，继续探险。

（二）益处

数字探险活动可以将数学学习与户外活动结合，增强学生的学习兴趣和动手能力。通过探险，学生可以在实际情境中运用数学知识，培养他们的团队合作和探究精神。

第二节　几何图形的探索游戏

一、形状拼图游戏

(一) 游戏规则

教师准备一些几何形状的拼图，例如三角形、正方形、长方形和圆形等，学生通过将这些形状拼接在一起，完成指定的图形或创作自己的图案。例如，利用三角形和正方形拼出一只小动物或房子。

(二) 益处

形状拼图游戏可以帮助学生熟悉各种几何形状，增强他们的空间思维能力和动手能力。在拼图过程中，学生需要进行观察、分析和组合，从而提高自己的几何理解和创造力。

二、形状分类游戏

(一) 游戏规则

教师准备不同形状和大小的几何图形卡片，学生需要根据图形的形状、边数或角度进行分类。例如，将所有的三角形放在一起，所有的四边形放在一起。

(二) 益处

形状分类游戏可以帮助学生认识和区分不同的几何形状，培养他们的分类和归纳能力。通过分类活动，学生可以加深对几何概念的理解，发展逻辑思维。

三、几何形状拼接

(一) 游戏规则

教师提供一些可以拼接的几何形状模块，如三角形、正方形、长方形和圆形，学生通过拼接这些模块来构建新的几何图形。例如，用三角形拼接出六边形，用正方形拼接出大正方形。

(二) 益处

几何形状拼接游戏可以帮助学生理解几何形状之间的关系，培养他们的空间构建能力和创造力。通过拼接活动，学生可以探索不同形状的组合方式，增强几何直觉[①]。

四、图形变换游戏

(一) 游戏规则

教师引导学生进行图形的平移、旋转和对称操作。例如，给出一个几何图形，让学生通过旋转90°、180°或平移一定距离，观察图形的变化情况。

(二) 益处

图形变换游戏可以帮助学生理解几何图形的基本变换，培养他们的空间想象力和逻辑推理能力。通过变换活动，学生可以掌握几何图形的对称性和变换规律，增强几何思维。

五、几何形状画画

(一) 游戏规则

教师提供一些几何图形模板，学生通过组合这些模板来画出复杂的图案，例如，利用三角形、正方形和圆形等模板画出一座城堡或一片森林。

(二) 益处

几何形状画画游戏可以帮助学生熟悉各种几何形状的基本特征，培养

---

① 黄少霞. 小学数学教学中学生审题能力的培养策略研究 [J]. 试题与研究，2023 (18): 144-146.

他们的动手能力和创造力。在画画过程中，学生需要进行观察、组合和创作，增强他们的几何理解和艺术感。

六、几何迷宫游戏

(一) 游戏规则

教师设计一个由各种几何形状组成的迷宫，学生需要找到从起点到终点的路径。例如，设计一个包含正方形、三角形和圆形等形状的迷宫，让学生通过正确选择路径来走出迷宫。

(二) 益处

几何迷宫游戏可以帮助学生提高观察力和空间思维能力。在解迷宫的过程中，学生需要分析每一步的选择和可能的结果，培养他们的逻辑推理和问题解决能力。

七、立体几何模型制作

(一) 游戏规则

教师提供一些材料，如纸板、胶水、剪刀等，学生利用这些材料制作立体几何模型。例如，制作一个立方体、圆柱体或锥体，学生可以根据提供的模板进行切割和拼接。

(二) 益处

立体几何模型制作可以帮助学生理解几何体的三维结构，增强他们的空间想象力和动手能力。在制作过程中，学生需要进行观察、测量和组装。

八、图形拼接比赛

(一) 游戏规则

教师组织一场图形拼接比赛，学生在规定时间内使用几何形状拼出指定的图案或自由创作。例如，比赛内容可以是拼出一座桥、一辆汽车或一个机器人。

(二) 益处

图形拼接比赛可以激发学生的竞争意识和创造力，增强他们的团队合作精神。在比赛过程中，学生需要快速思考和操作，提高他们的几何思维和动手能力。

九、计算图形面积和周长

(一) 游戏规则

教师提供一些几何图形，学生通过测量和计算，得出这些图形的面积和周长。例如，计算正方形、长方形、三角形和圆形的面积和周长。

(二) 益处

计算图形面积和周长的游戏可以帮助学生掌握几何公式和计算方法，培养他们的数学运算能力和细致入微的观察力，通过开展计算活动提高他们的数学应用能力。

十、几何图形的故事创作

(一) 游戏规则

教师引导学生用几何图形创作一个故事，例如，利用三角形、正方形和圆形等图形构建故事中的角色和场景，然后讲述这个故事。

(二) 益处

几何图形的故事创作游戏可以激发学生的创造力和想象力，培养他们的表达能力和叙事能力。在故事创作过程中，学生需要进行构思、设计和讲述，增强几何理解能力和综合素质。

第三节　数学逻辑与推理游戏

一、数学谜题

(一) 游戏规则

教师准备一些适合小学生的数学谜题，如"一个农夫带着一只羊、一头狼和一筐白菜过河"的经典问题，学生需要通过逻辑推理解决这些谜题。每个谜题都设置特定的条件和限制，学生需要找出符合条件的解决方案。

(二) 益处

数学谜题可以培养学生的逻辑推理能力和问题解决技巧。通过解决谜题，学生可以学会分析条件、制定策略，并且在尝试和错误中提高思维的灵活性和创造力。

二、数字填空游戏

(一) 游戏规则

教师提供一些未完成的数字序列或方程式，学生需要根据逻辑和数学规则填补空缺。例如，填补数独或魔方阵中的空格，使得每行、每列和每个小方格内的数字符合特定的规则[①]。

(二) 益处

数字填空游戏可以帮助学生熟悉数字规律和数学运算，培养他们的细致观察能力和逻辑思维能力。

---

① 张顺斋. 深度学习视野下小学数学单元整体设计维度与注意问题 [J]. 读写算，2022(31)：132-134.

三、图形推理游戏

(一) 游戏规则

教师提供一系列几何图形，学生需要根据图形之间的逻辑关系找到下一个合适的图形。例如，给出一组按特定规则排列的图形，学生需要找出其中的规律并选择合适的图形填补空缺。

(二) 益处

图形推理游戏可以培养学生的空间思维能力和图形识别能力。通过观察和分析图形的变化规律，学生可以学会进行抽象思考和逻辑推理，增强他们的几何理解和创造力。

四、数学逻辑谜语

(一) 游戏规则

教师准备一些数学逻辑谜语，学生需要通过推理找出谜底。例如："在一个房间里有三盏灯，外面有三个开关，你只能进入房间一次，如何确定哪个开关控制哪盏灯？"学生需要通过逻辑推理和实验找出答案。

(二) 益处

数学逻辑谜语可以增强学生的思维敏捷性和逻辑推理能力。学生可以学会从不同角度分析问题，培养他们的创新思维和解决问题的能力。

五、逻辑连线游戏

(一) 游戏规则

教师提供一组带有不同数字或符号的点，学生需要根据特定的规则将点连成线。例如，将所有偶数连在一起，将所有质数连在一起，或者按照递增顺序连线。

（二）益处

逻辑连线游戏可以帮助学生理解数字和符号的关系，培养他们的逻辑思维能力和动手操作能力。在连线过程中，学生需要进行思考和判断，提高他们的数学理解和逻辑推理能力。

六、逻辑排序游戏

（一）游戏规则

教师提供一组需要排序的项目，例如，一组不同高度的棒子或一组不同颜色的球，学生需要根据特定的规则将它们排序。例如，将棒子按照从矮到高的顺序排列，或将球按照彩虹的颜色顺序排列。

（二）益处

逻辑排序游戏可以培养学生的分类和排序能力，增强他们的逻辑思维和组织能力。在排序过程中，学生需要进行比较和判断，提高他们的数学理解和分析能力。

七、逻辑谜题比赛

（一）游戏规则

教师组织一场逻辑谜题比赛，学生在规定时间内解决一系列逻辑谜题。教师可以根据学生的年龄和水平选择不同难度的谜题。

（二）益处

逻辑谜题比赛可以激发学生的竞争意识和学习兴趣，增强他们的逻辑推理能力和解题技巧，培养他们的团队合作精神和应变能力。

八、数学推理故事

(一) 游戏规则

教师讲述一个包含数学问题的推理故事，学生通过听故事并进行逻辑推理解决问题。例如，讲述一个侦探故事，学生需要通过分析线索找出真相。故事中的问题可以涉及数字、图形或逻辑关系。

(二) 益处

数学推理故事可以激发学生的兴趣和好奇心，培养他们的逻辑思维和推理能力。学生通过听故事和解决问题，提高思维敏捷性和创造力。

九、数字迷宫游戏

(一) 游戏规则

教师设计一个数字迷宫，迷宫中的每个通道都有一个数学问题，学生需要解答问题才能继续前进。例如，迷宫中的每个交叉口都有一个加法或乘法问题，学生需要解答正确才能选择正确的路径。

(二) 益处

数字迷宫游戏可以增强学生的数学运算能力和逻辑推理能力。在解答迷宫问题的过程中，学生需要进行计算和推理，培养他们的思维灵活性和解决问题的能力。

十、逻辑推理板游戏

(一) 游戏规则

教师准备一个逻辑推理板，板上有不同颜色和形状的标记，学生需要根据特定规则将标记放置在正确的位置。例如，根据颜色和形状的组合规则，将标记放置在合适的格子里。

（二）益处

逻辑推理板游戏可以帮助学生理解和运用逻辑规则，培养他们的逻辑思维能力和空间思维能力。学生需要进行观察、分析和推理，提高自己的数学理解和动手操作能力。

第四节 应用数学的情景游戏

一、超市购物游戏

（一）游戏规则

教师设置一个模拟超市，提供各种商品及其价格标签。学生扮演顾客，用虚拟货币进行购物，计算总价和找零。例如，学生需要购买三件商品，总价是多少，支付后应找回多少钱。

（二）益处

超市购物游戏可以帮助学生掌握加法和减法运算，培养他们的货币识别和使用能力。在模拟购物过程中，学生需要进行实际计算，增强他们的应用意识和实践能力。

二、餐厅点餐游戏

（一）游戏规则

教师设置一个模拟餐厅，提供菜单和价格。学生根据预算进行点餐，并计算总费用。例如，学生有 20 元预算，需要选择合适的餐品并计算总价，确保不超出预算[①]。

---

① 杨秀云.深度学习下小学数学单元整体教学实践研究 [J].试题与研究，2022（32）：141-143.

(二) 益处

餐厅点餐游戏可以培养学生的预算管理能力和加减法运算技能。通过模拟点餐，学生学会了合理分配资金，以此增强他们的实际应用能力和理财意识。

三、时间管理游戏

(一) 游戏规则

教师设计一个包含各种活动的日程表，学生需要根据给定的时间安排进行计划。例如，学生需要在一天内完成上学、做作业、玩耍等活动，计算每项活动所需的时间，确保所有活动都能按时完成。

(二) 益处

时间管理游戏可以帮助学生学会合理安排时间，提高他们的时间观念和计划能力。通过安排日程，学生可以学会估算和计算时间，增强他们的组织能力和自律性。

四、建筑设计游戏

(一) 游戏规则

教师提供一些基本的几何图形和尺寸，学生根据要求设计和建造一个简单的建筑模型。例如，学生需要用正方形、长方形和三角形等图形搭建一座房子，并计算总面积和周长。

(二) 益处

建筑设计游戏可以培养学生的几何思维和空间想象力。在设计和建造过程中，学生需要运用几何知识和计算技能，增强他们的创造力和动手能力。

五、交通规划游戏

(一) 游戏规则

教师设计一个虚拟城市地图，学生需要规划交通路线，确保交通流畅。例如，学生需要设计从家到学校的最佳路线，计算距离和时间，并考虑交通规则和相关规定。

(二) 益处

交通规划游戏可以帮助学生掌握路线规划和距离计算的技能，培养他们的空间思维和问题解决能力。通过规划交通路线，学生可以应用数学知识解决实际问题，增强他们的逻辑推理和决策能力。

六、环保项目游戏

(一) 游戏规则

教师设定一个环保项目，如减少家庭能源消耗或垃圾分类，学生需要制定具体的计划和措施，并计算可能的节约效果。例如，学生需要计算每天节约的电量，或每周回收的废品量。

(二) 益处

环保项目游戏可以培养学生的环境意识和应用数学技能。在制订和实施计划的过程中，学生需要增强他们的统计和计算能力，同时树立环保理念。

七、旅游规划游戏

(一) 游戏规则

教师设计一个旅游规划任务，学生需要根据预算和时间安排，设计一份旅游计划。例如，学生需要选择旅游目的地、计算交通费用和住宿费用，并安排每日行程。

(二) 益处

旅游规划游戏可以帮助学生掌握预算管理和时间安排的技能，培养他们的计划能力和决策能力。通过模拟旅游规划，学生可以应用数学知识进行实际计算和计划，增强他们的实践能力和综合素质。

八、农场管理游戏

(一) 游戏规则

教师设计一个虚拟农场，学生需要管理农作物的种植和收获，计算投入和产出。例如，学生需要选择种植的作物，计算所需种子的数量和费用，预测收获的产量和收入。

(二) 益处

农场管理游戏可以培养学生的经营意识和应用数学的能力。在管理农场的过程中，学生需要进行成本核算和收益分析，增强经济意识和计算能力。

九、宠物照顾游戏

(一) 游戏规则

教师设计一个宠物照顾任务，学生需要计算喂养宠物的成本和时间。例如，学生需要计算每天喂养宠物所需的食物量和费用，安排宠物的活动时间。

(二) 益处

宠物照顾游戏可以培养学生的责任心和时间管理能力。在照顾宠物的过程中，学生需要进行实际计算和安排，增强动手能力和应用数学知识的能力。

十、社区服务项目游戏

(一) 游戏规则

教师设计一个社区服务项目，学生需要制订和实施计划，并进行数据分析。例如，学生需要组织一次社区清洁活动，计算参与人数和所需工具的数量，并统计活动效果。

(二) 益处

社区服务项目游戏可以培养学生的社会责任感和应用数学的能力。在实施社区服务项目的过程中，学生需要增强自身的组织能力和团队合作精神。

结 束 语

数学教学模式的改进与学生思维培养的紧密结合，是提升学生数学素养的关键所在。现代数学教育不仅仅是传授知识点，更注重学生的逻辑思维能力、创新能力和问题解决能力的培养。为实现这一目标，教师需要从以下三个方面入手：

首先，传统的讲授式教学模式往往侧重于教师单向灌输知识，学生被动接受，这种模式在一定程度上限制了学生主动思考和创新能力的发展。为此，教育者应引入探究式教学、合作学习和项目教学等多种教学模式。例如，在探究式教学中，教师通过提出具有挑战性的问题，鼓励学生自主探索和发现规律，从而培养学生的探究精神和创新思维。学生通过小组讨论、合作解决问题，既能激发思维碰撞，也能培养团队合作精神。

其次，数学不仅是纯理论的学科，它在日常生活、科学研究和技术应用中都有广泛应用。通过将数学知识与实际生活情境相结合，学生能够更好地理解数学概念，提升应用能力。例如，教师可以设计一些与实际生活相关的数学问题，如计算购物的总费用、分析统计数据等，使学生在解决实际问题的过程中，逐渐培养起严谨的思维方式和解决问题的能力。学生的思维特点和学习能力各不相同，教育者应根据学生的具体情况，采用灵活多样的教学方法，帮助学生找到适合自己的学习路径。例如，对于基础较好的学生，教师可以设计一些更具挑战性的问题，激发他们的潜能；对于基础较薄弱的学生，可以通过分层教学、个别辅导等方式，帮助他们逐步提高数学水平。

最后，多媒体和计算机辅助教学为数学思维培养提供了新的途径。通过使用数学软件和在线学习平台，学生可以进行模拟实验、数据分析和动态几何操作，增强对抽象数学概念的理解和应用能力。例如，利用几何画板软件，学生可以动态地观察几何图形的变化过程，直观地理解几何定理和性质。技术的应用不仅能使数学教学变得更加生动有趣，还提高了学生的自主学习能力和信息素养，为他们的数学思维发展提供了强有力的支持。

综上所述，通过合理运用这些教学模式，教师可以有效提升学生的数学思维能力和综合素质，为他们未来的学习和发展奠定坚实的基础。这种多元化的教学策略不仅能激发学生的学习兴趣，还能帮助他们在实际应用中更好地掌握和运用数学知识。

参 考 文 献

[1] 徐玥.高中数学教学中培养学生自主学习能力的策略探究 [J].数理化解题研究，2023(33)：33-35.

[2] 姚翠.巧用教材，培养学生的自主学习力 [J].四川教育，2023(24)：26-28.

[3] 吴松.高中数学教学中学生自主学习能力培养策略分析 [J].高考，2023(35)：42-44.

[4] 杨蕾.高中数学教学中学生自主学习能力的培养策略 [J].理科爱好者，2023(5)：66-68.

[5] 金玉明.跨越抽象与现实边界：高中数学跨学科教学模式探索与实践 [J].中学数学，2024(7)：88-89.

[6] 王慧.核心素养下高中数学教学模式探究 [J].数理天地 (高中版)，2024(5)：105-107.

[7] 鲍红志."四位一体"教学模式在高中数学教学中的研究 [J].数理天地 (高中版)，2024(5)：75-77.

[8] 张晓斌，米新生，陈昌浩，等.高中数学"函数的概念与性质"主题内容教学探究 [J].教学与管理，2022(30)：87-90.

[9] 雷洪春.高中数学习题课变式教学探索——以"函数的概念与基本性质"习题课为例 [J].华夏教师，2022(25)：43-45.

[10] 何亚波，金亚."探究"在数学概念教学中的应用 [J].河南教育 (教师教育)，2022(8)：58-59.

[11] 李勇.问题驱动视角下的高中数学概念教学思考 [J].甘肃教育研究，2022(7)：39-41.

[12] 王圣荣，黄涵.高中数学概念情境化教学策略——以"相互独立事件"为例 [J].福建教育学院学报，2021，22(12)：29-31.

[13] 王晓娟 . 高中数学教学中的教育教学理论应用 [J]. 数学教育研究，2018，21(4)：50-55.

[14] 李克强，张军 . 高中数学教学的现代化探索 [J]. 教育探索，2020(2)：112-120.

[15] 刘红，赵雷 . 教育改革对高中数学教学的启示 [J]. 数学教学与研究，2019，14(3)：80-88.

[16] 张莉，王明 . 高中数学教师专业发展的现状与挑战 [J]. 教师教育，2021(6)：45-51.

[17] 周花香 . 圆锥曲线参数方程在数学解题中的使用 [J]. 数理化学习（教研版），2022(11)：10-12.

[18] 单灿 . 圆锥曲线参数方程在高中数学解题中的使用 [J]. 数理天地（高中版），2022(14)：31-32.

[19] 权正清 . 高中数学解题中圆锥曲线参数方程的应用 [J]. 数理化解题研究，2022(19)：35-37.

[20] 万小燕 . 倾听学生的思维：浅谈数学表达能力在高中数学中的有效培养 [J]. 中学数学（高中版）上半月，2018(5)：50-51

[21] 郑守全 . 高中数学教学中学生数学思维能力的培养 [J]. 中学课程辅导（教师通讯），2021(6)：113-114.

[22] 万凌寒 . 浅析高中数学教学中学生数学思维能力的培养 [J]. 中学课程辅导（教师通讯），2020(16)：48-49.

[23] 夏永立 . 小学数学教师新基本功之"课堂提问" [J]. 江西教育，2023(9)：10.

[24] 陈春颂 . 小学数学课堂有效提问的意义及实践路径探究 [J]. 天津教育，2023(9)：01.

[25] 丁昌兰 . 探究小学数学课堂优质提问的策略 [J]. 试题与研究，2023(8)：25.

[26] 熊书梅，有效提问助力小学数学课堂教学的策略分析 [J]. 新课程研究，2023(8)：11.

[27] 王兴 . 让数学走向生活——小学数学生活化教学的分析与实践路径 [J]. 天津教育，2023(8)：01.

[28] 周彩英.让提问成为有效教学的桥梁——小学数学课堂提问的分析与思考[J].数学学习与研究,2023(11):05.

[29] 李小刚,卞华.陶然以乐 学而生趣——浅谈小学数学课堂乐学的现状与策略研究[J].考试周刊,2023(9):27.

[30] 黄文斌.敢问、想问、善问——构建小学生数学提问能力的教学路径[J].天津教育,2023(8):01.

[31] 唐秦.高中数学建模校本课程的开发与实践[J].中学数学月刊,2023(9):62.

[32] 杨瑞强.高中数学校本课程开发研究与教学实践[J].中学数学杂志,2023(3):13.

[33] 吴佐慧.高中数学建模校本课程体系的构建与实践[J].数学通讯,2022(22):36.

[34] 吴小妮.数字化背景下初中数学教学工作及策略优化探究[D].延安:延安大学,2023.

[35] 操明刚,徐雪燕.中学数学微课教学在数字化背景下应用初探[J].中学数学研究(华南师范大学版),2023(10):53.

[36] 浦琴丹.数字化教学,让数学课堂更高效[J].考试周刊,2022(6):86-89.

[37] 李峥嵘.基于数学核心素养的高中数学单元教学设计的实践研究[J].中学课程辅导:教师教育,2021(16):9-10.

[38] 王焕英.基于核心素养的高中数学单元教学设计研究[J].新课程教学(电子版),2021(5):83-84.

[39] 尚向阳.高中数学大单元教学对培养学生核心素养的思考[J].中学课程辅导(教师通讯),2021(9):9-10.

[40] 权贵荣.基于核心素养的高中数学单元教学设计研究[J].试题与研究,2021(22):1-2.

[41] 张海洋.基于核心素养的高中数学单元教学设计策略[J].高中数理化,2021(S1):65-66

[42] 倪伟侠,赵宏艳,李佳,等.基于数据分析素养的高中数学大单元教学设计——以"统计"为例[J].赤峰学院学报(自然科学版),

2023(8)：15-118.

[43] 徐东良.加强数学思想教学 提升数学思维品质 [J].中学数学，2024(12)：83-84.

[44] 杨孝贤.数形结合思想在小学教学中的应用 [J].三角洲，2024(17)：168-170.

[45] 盛连香.核心素养视域下培养数学思维的教学实践 [J].中学数学，2024(12)：67-69.

[46] 赵丕梅."双减"背景下小学生数学思维培养实践研究 [J].中国多媒体与网络教学学报（下旬刊），2024(6)：39-41.

[47] 杨秀云.深度学习下小学数学单元整体教学实践研究 [J].试题与研究，2022(32)：141-143.

[48] 孙明洁.小学数学深度学习下单元整体设计策略的实践尝试 [J].新课程，2022(37)：76-78.

[49] 武园利.小学数学单元整体教学设计实践研究 [J].考试周刊，2022(38)：107-110.

[50] 陈聚华.深度学习视野下小学数学单元整体设计维度与思考 [J].家长，2022(20)：72-74.

[51] 朱雪姣.小学数学高效课堂教学实践分析——以"倍数与因数"一课为例 [J].新课程，2020(2)：51-52.

[52] 冯秀兰.小组合作理论下小学数学教学实践分析 [J].学周刊，2020(3)：31-33.

[53] 朱柳欣.核心素养指引下小学数学课堂教学实践分析 [J].求知导刊，2021(1)：22-24.

[54] 封燕.小学数学生活化教学策略研究 [J].华夏教师，2022(24)：70-72.

[55] 郭恬梦.小学数学课堂教学中师生互动的有效性研究 [J].甘肃教育研究，2023(1)：51-53.

[56] 黄友初.小学数学综合与实践教学的内在逻辑与实施要点 [J].数学教育学报，2022，31(5)：24-28.

[57] 王凌燕.核心素养下的小学数学高效课堂构建 [J].亚太教育，2022

（17）：57-59.

[58] 徐明旭.从数学语言到数学模型：小学数学的思维进阶路径 [J].教育理论与实践，2023，43（11）：51-54.

[59] 盛海迪、唐斌.人工智能视域下的小学数学教学分析与模式设计 [J].教学与管理，2023（11）：36-39.

[60] 严雪群."双减"环境下的小学数学课堂有效性思考 [J].学苑教育，2022（11）：7-8，11.

[61] 张登芳.浅谈小学数学创新思维能力的培养 [J].学周刊，2022，8（8）：109-110.

[62] 范丽旻.基于"四何"问题设计推进思维品质的培养 [J].中小学英语教学与研究，2023（11）：41-44.

[63] 李慧.小学数学课堂教学中学生数学思维的培养 [J].学园，2024（3）：37-39.

[64] 刘梅.浅析数学思维和数学兴趣在小学数学教学中的意义思路构建 [J].中国科技经济新闻数据库教育，2022（1）：21-23.

[65] 黄玉.在小学数学教学中如何培养学生的创新思维能力 [J].东西南北（教育），2019（22）：303.

[66] 顾小芳.浅谈小学数学教学中创新能力的培养 [J].安徽教育科研，2023（10）：35-37.

[67] 潘其猛.小学数学课堂教学中有效性问题设计分析 [J].科学大众（智慧教育），2022（4）：54-55.

[68] 黄丽芳.注重操作实践助力思维发展——小学数学教学中学生抽象思维能力的培养 [J].亚太教育，2022（14）：156-158.

[69] 杨登权.利用开放性练习题培养学生的创新思维 [J].西北成人教育学报.2014（1）：144-146.

[70] 朱玉芳，倾听，独立，应用，合作——小学数学教学中学生学习习惯的培养探索与实践 [J].华夏教师，2022（18）：25-27.

[71] 温建红，邓宏伟.深度学习指向的数学单元复习教学策略研究 [J].西北成人教育学院学报.2023（3）：60-65.

[72] 唐正华.浅谈培养小学生数学解题能力的策略 [J].数学学习与研究，

2023(25)：56-58.

[73] 李兰. 论如何提高小学数学读题与审题能力 [J]. 理科爱好者，2023(4)：173-175.

[74] 蔡益磊. 找准关键信息精确使用方法：小学生审题能力的培养 [J]. 小学生，2023(7)：118-120.

[75] 徐天宇. 小学生数学读题能力的培养 [J]. 教育界，2023(18)：92-94.

[76] 黄少霞. 小学数学教学中学生审题能力的培养策略研究 [J]. 试题与研究，2023(18)：144-146.

[77] 张顺斋. 深度学习视野下小学数学单元整体设计维度与注意问题 [J]. 读写算，2022(31)：132-134.